數字資產估值指南

HashKey Capital 著

商務印書館

責任編輯：楊賀其
裝幀設計：趙穎珊
排　　版：周　榮
印　　務：龍寶祺

數字資產估值指南

作　　者：HashKey Capital
主　　編：肖風　Aaron Low　鄧 超　鄒傳偉
編　　委：HashKey Capital 研究團隊
　　　　　Henrique Centieiro　肖琪凡　鄭嘉梁
出　　版：商務印書館（香港）有限公司
　　　　　香港筲箕灣耀興道 3 號東匯廣場 8 樓
　　　　　http://www.commercialpress.com.hk
發　　行：香港聯合書刊物流有限公司
　　　　　香港新界荃灣德士古道 220−248 號荃灣工業中心 16 樓
印　　刷：美雅印刷製本有限公司
　　　　　九龍觀塘榮業街 6 號海濱工業大廈 4 樓 A 室
版　　次：2024 年 4 月第 1 版第 1 次印刷

　　　　　ISBN 978 962 07 6736 4（精裝）
　　　　　ISBN 978 962 07 6739 5（平裝）
　　　　　Printed in Hong Kong

目錄

第五章　STO 估值

第六章　NFT 估值

前言

忽視市場噪音，回歸內在價值

從 2008 年最初比特幣誕生到現在，區塊鏈技術和加密貨幣市場正在以驚人的速度發展，已經成為了全球金融領域的一股強大力量，人們對加密資產這一新型資產的產生了濃厚的興趣和極大的關注。而美國證券交易委員會（SEC）於 2024 年初批准的 11 支比特幣現貨 ETF 更是宣告加密資產正式從邊緣走向主流，投資者可以像交易股票一樣交易比特幣，比特幣變成傳統投資者可以看得懂的資產。

即使加密貨幣已經誕生了數年，它仍然是一個早期的行業，無論是從技術發展還是從資產管理兩個角度。加密資產和其他主流資產不同，大部分的加密資產的價值來自共識，而非一個標準的估價架構。這樣以共識和敘事為支撐的加密資產在早期既創造了財富效應，又引來來自主流的質疑聲，例如人們會問為甚麼加密貨幣有價值？比特幣有價值支撐嗎？是甚麼推動了加密貨幣的價格？投資加密貨幣的理由是甚麼？不過隨着行業的逐漸成熟，我們漸漸發現，傳統金融的估值方法完全可以應用在加密資產的估值當中，從而使得傳統機構投資者也能夠理解這一行業，進而吸引更多的資金，誕生出更多的像互聯網和消費行業一樣的獨角獸。

在比特幣現貨 ETF 在美國獲得批准、新一輪的牛市即將來臨的歷史性時刻，HashKey Capital 決定撰寫這本書。作為早期參與區塊鏈和加密資產投資的資產管理公司，HashKey Capital 在區塊鏈投資領域深耕將近十年，是主要的區塊鏈機構投資者之一。我們投資的項目已累計超過 500 個，涵蓋行業的各個領域，力求做到全生態的價值捕獲。在這個過程中，我們注重生態建設、開發者支持和項目投資等方面的發展，與行業一同成長。在我們的加密資產投資旅程中，我們的認知程度不斷提升。通過利用我們在一級市場的信息和投資邏輯，將傳統金融經驗與區塊鏈和加密資產的投資活動相結合，我們逐漸形成了一套加密資產估值的框架。現在，我們將這套估值框架分享出來，希望能為加密貨幣投資者提供可靠的估值方法。

首先，由於「一刀切」並不適用於所有代幣的估值，我們首先借助我們創建的代幣分類樹對不同類型的加密貨幣資產進行分類。其次，我們應用代幣估值矩陣，以確定適合評估所需的加密貨幣資產的代幣估值方法。第三，我們將該方法應用於被評估的代幣。

需要明確一點，本書旨在提供加密貨幣資產的估值，而不是評估。人們常常混用估值和評估這兩個詞，但它們之間存在一些重要的差異。評估是指評估某個事物；例如，評估產品是否好，評估一個品牌，評估一家新的米其林餐廳的食物口感，或評估某項投資回報的潛力。另一方面，估值專門指確定資產的財務價值，涉及分析數據以確定資產的價值。在本書中，我們專注於後者。

還要注意的是，估值和價格反映了兩種不同的東西。雖然估值代表了某物的內在價值，但價格是許多與價值往往關係不大的其他變量的結果：情緒、市場炒作、投機、恐懼、貪婪、過度誇大的新聞等等。我們可以肯定地說，世界上大多數資產的價格都有一個不可忽視的非理性成分，而加密貨幣有時更容易受到這種影響。具體來說，有許多因素都可以影響加密貨幣價格，包括市場需求、市場情緒、政府政策、法規變化、技術創新、行業夥伴關係、項目進度等等。

此外在本書中，讀者將遇到可能提供指示性價格預測的估值方法，但值得注意的是，這些價格預測是基於涵蓋少數變量的估值指標。因此在應用這些指標時，需要考慮到還有許多其他「其他條件不變」的變量。

我們認為，在加密資產領域中取得成功的投資者並不需要非同尋常的智商、特殊的商業洞察力或內部資訊。相反，需要的是一個基於價值而非投機的堅實框架。我們衷心希望這本書可以為您數字資產的投資提供幫助，為您解答疑惑，提供支持和指引。在閱讀本書的過程中，我們希望您能深入體驗其中的內容，在加密貨幣投資中享受樂趣，祝您閱讀愉快！

關於 HashKey Capital

HashKey Capital 是一家專注於數字資產和區塊鏈行業的機構級資產管理公司，以數字原生和全球化佈局為特色，致力於幫助傳統機構、Web3 創始人和頂尖人才抓住區塊鏈行業的高增長機遇。作為全球最具影響力和最大規模的加密基金之一，同時也是以太坊最早期的機構投資者之一。HashKey Capital 自成立以來已管理超過 10 億美元的資產，投資了 500 多個來自基礎設施、工具、應用等多個領域的項目。憑藉對全球區塊鏈行業的深刻理解，HashKey 團隊構建了一個生態系統，連接創業者、投資人、開發者、社區參與者和監管部門。

引言

如果您正在閱讀本書，或許會提出一些問題，例如：為甚麼加密貨幣有價值？比特幣以甚麼作為支撐？甚麼因素會影響加密貨幣的價格？透過本書，我們希望為加密貨幣社羣、投資者和傳統金融界提供一個估值框架，以解釋這些問題。我們也希望本書能為作為加密貨幣投資者的估值工具，以提升他們對於加密貨幣投資的基本面分析水平，使其分析嚴謹性可以和傳統投資保持一致。

在本書中，我們創建了一個用於評估不同的加密貨幣資產的框架，我們認為成功的加密貨幣投資需要一個堅實的基於價值的決策框架，而不是投機。現實情況是，市場總是低效的，大量的加密貨幣市場和股票市場中的例子可以證明這一點。

尤金・法瑪（Eugene Fama）的有效市場假說（Efficient Markets Hypothesis，EMH）中提出，價格已經將有關資產的所有信息考慮在內，價格能夠反映資產的確切價值，資產價格會立即變動以反映新資訊。因此市場價格是完美的，利用市場已經了解了的資訊是無法超越市場的。但我們仍然可以找到很多與之相反的例子。為甚麼蘋果的股價在 2020 年二月的疫情崩盤下跌了 30%？蘋果銷售的產品減少了 30% 嗎？蘋果的收益減少了 30% 嗎？為甚麼 GAP 股票在 49 天內崩跌了 70%？是美國最大的服飾零售商突然少賣了 70% 的衣服嗎？所有這些問題的答案都是否定的，因為市場往往是非理性的，價格不會完全反映價值。正如沃倫巴菲特所說：「市場先生是個喝醉的精神病患者」。

以上就是價值投資的概念來源。價值投資試圖找出由於市場非理性而被低估的資產。這些資產的交易價格低於它的市場價值（也就是資產有了 margin of safety），投資人購買它們，就是希望有一天價格能反映該資產的價值。再次引用史上最偉大的投資者巴菲特的話：「價格是你所支付的，價值是你所得到的。」

加密資產也是如此。比特幣價格在疫情崩盤期間暴跌了 50%，僅在 55 天後恢復到先前水平，並在 5 個月內翻了一番。這些價格變動是否準確反映了網絡的真實價值、活躍度、活躍錢包、交易量和互聯網的實用性？價格是否反映了價值？答案是否定的。問題的關鍵在於投資者是否有可靠的工具來發現這些機會，找到資產的真正價值，而我們在本書中嘗試做到這一點。

市場就像一場國際象棋比賽。所有的棋手都可以獲得相同的信息，然而總會有一小部分棋手能夠比其他人更有效地利用可用的信息來贏得勝利。本書就像是一本關於加密資產估值的國際象棋規則書，將幫助讀者利用和解釋市場已有的信息，以獲取優勢。

關於內在價值與市場價格：

對於包括加密資產在內的任何資產來說，某些公理有着非常重要的地位，儘管加密資產是一個相對較新的資產類別，但它們仍繼承了類似的核心原則：

- 加密資產不是無實質支撐從虛無中創造出來的標誌符號，在大多數情況下，加密資產代表一個基礎網絡，或一個實際的去中心化業務。
- 市場永遠在牛市情緒和熊市情緒之間搖擺，在貪婪和恐懼之間，在不可持續的樂觀和悲觀之間，估值方法對於保持理性的投資策略非常重要。
- 投資的未來表現取決於其當前價格與估值之間的比較。
- 通過觀察估值指標，可以避免被忽視的或被過度炒作的項目，從而降低風險。

儘管加密貨幣市場存在的時間已經超過十年，我們也試圖提供具有統計意義的實際案例研究，但分析過程中仍然存在許多注意事項和限制，因為我們只能獲得不到十年的數據，這個市場相對於傳統領域相比仍然非常年輕。我們希望本書能為這個年輕的行業帶來一些指引，此外隨着市場的發展這個估值框架也可能會發生變化，我們也很樂意在未來的時間對這個估值框架進行審查和更新。

最後我們想說：本書是站在巨人的肩膀上創作的，我們並不打算重新發明方法，我們只是改進了傳統金融分析領域建立的估值指標和方法，並將其應用到加密資產。

代幣分類

在資產估值方法方面，不同類型的加密資產需要不同的方法。在本節中，我們列出了不同類型的數字資產，並提供了一個決策樹，可用於對加密資產進行分類。與傳統的證券不同，加密貨幣和代幣有廣泛的目的和實用性，並可以給予投資者不同的權利。鑑於市場上加密資產的多樣性，並不存在「一刀切」的估值方法，投資者需要評估和使用不同的估值方法，並確定哪種方法最適合具體情況。

代幣分類樹：

代幣是否是同質化的？→ 否→ NFT

⬇是

代幣的主要功能是否是支付區塊鏈上的交易費？→ 是→ L1/L2 原生代幣

⬇否

代幣是否應用於治理？→ 是→ DAO tokens

⬇否

代幣是否用於支付費用，或包含在激勵計劃內？→ 是→ Utility tokens

⬇否

代幣是否代表某種證券？（股票、債券等）→ 是→ STO

估值矩陣框架

有許多不同的方法和模型可以用來評估代幣的價值。以下的加密資產估值框架將幫助我們找到最適合的方法和模型。在確定要評估的資產類型之後，可以在下表中找到對應的模型，所有的模型都會在本書中一一介紹，其中一些模型適用於不同的加密資產類型。

估值矩陣框架	
加密資產	**分析模型**
原生加密資產 (例如比特幣)	• 替代傳統金融機構的價值 • 與電信網絡比較 • 比特幣的摩爾定律 • 均衡價格模型 • 庫存流動模型 • P/S 比率 • 與黃金 ETF 比較 • 成本法 • 交易價值與交易費用比率 • 梅特卡夫定律 • NVT 比率 • 市場方法
Smart Contract L1s (例如以太坊)	• 替代傳統金融機構的價值 • 與電信網絡比較 • 均衡價格模型 • 庫存流動模型 • 交易量與交易費用比率 • DCF - 現金流量折現模型(與科技股比較)

估值矩陣框架	
加密資產	**分析模型**
Smart Contract L1s (例如以太坊)	• DCF - 現金流量折現模型(與加密貨幣市場本身比較) • 永續債券 • 梅特卡夫定律 • NVT 比率 • P/S 比率 • 市場方法
實用型代幣	• DCF • 市場方法 • 相對估值法 • QTM – 貨幣數量理論 • 市值與 TVL
DAO Tokens	• DCF • NCAVPT - Net Current Asset Value Per Token • 市場方法
STO	• 市場方法 • 收入法 • 相對估值法 • 成本法
NFTs	• 市場方法

第一章

原生加密資產估值

在這一章中，我們將討論第一代加密貨幣，例如使用最廣泛的比特幣，還有其他第一代加密貨幣如萊特幣、狗狗幣和其他比特幣分叉幣。

第一代加密貨幣的主要目標是實現簡單的點對點交易並用作價值儲存。在比特幣的創建和其實用性得到驗證之後，其他第一代區塊鏈透過分叉而被創建出來，這種鏈的分叉通常發生在一羣節點同意創建具有新規則的新鏈時。在這種情況下，兩組礦工將會分開，一組將繼續支持沒有任何變化的鏈，而另一組將支持分叉的鏈。一個早期的例子是比特幣—萊特幣的分叉。在 2011 年末，一位名叫 Charlie Lee 的開發者提議實施一條新的鏈，該鏈將從比特幣區塊鏈中分叉出來。而比特幣使用 SHA-256 演算法，10 分鐘產生一個區塊，大小為 1MB，他提議一個名為萊特幣的新區塊鏈，採用不同的哈希算法，稱為 Scrypt，每 2.5 分鐘產生一個區區塊，區塊大小為 256kb 而非 1MB。萊特幣以及許多其他比特幣分叉，如比特幣現金、狗狗幣等，直到今天仍然存在，並可歸類為第一代加密貨幣或原生加密貨幣的範疇。

第一代原生加密貨幣的主要用途主要集中在交易和價值儲存。比特幣的有限供應確保了其隨着時間的推移不會貶值，因此被許多人視為良好的價值儲存資產。正如我們在本節後面將提到的，比特幣的價值不僅來自其主要用途，還來自於需求，這是因為比特幣是有史以來最安全的計算機網絡，分散且沒有單一故障點以及審查，並且是最可擴展的，其第二層網絡允許利用比特幣網絡作為結算層執行數百萬筆交易。

在本節中，我們將討論原生加密貨幣的不同估值方法。下表概述了本章將提到的估值方法、目標和適用性。儘管在本章中我們以比特幣作為目標資產，但大多數這些估值方法也可以應用於其他資產。

估值方法	目標	適用性
去中心化網絡取代中心化機構的價值	比較加密資產及其去中心化網絡與傳統機構的實用性，並評估其價值	大型區塊鏈及其生態例如比特幣和以太坊
比特幣和電信網絡比較	將加密資產和其他大型網絡的價值進行比較	受益於網絡效應的大型區塊鏈和生態系統
比特幣價格均衡（調整至 M2 供應量）	透過利用與 M2 貨幣供應的相關性來計算加密資產的價格均衡	大型區塊鏈及其生態例如比特幣和以太坊
比特幣庫存流動模型	根據現有的庫存和流通量來評估稀缺資產的方法	供應量有上限的加密資產
比特幣市銷率	透過將資產價格與銷售額（對於加幣貨幣來說是費用／激勵）估算資產價值的方法	可以產生收入的加密資產，包括來自 L1 和 L2 鏈的資產以及實用型代幣和 DeFi 代幣

估值方法	目標	適用性
從比特幣 ETF 的角度預測比特幣價格	衡量 ETF 需求對加密資產價格的影響	任何獲得批准的有現貨 ETF 的加密資產
生產成本法	衡量加密資產的生產成本並與其價格進行比較	工作量證明(POW)加密資產
交易量與交易費用	根據網絡的實用性來衡量其效率和成本效益	比特幣和其他大型區塊鏈

以上這些方法的目標是為投資者提供更好的加密貨幣分析和可比性方法，幫助投資者理解數字資產的內在價值。儘管包括比特幣在內的大部分數字資產只有幾年的價格歷史可供回測，但我們的方法是業界首次系統化和標準化加密貨幣估值框架，時間會證明這些方法的合理性。

1.1 取代中心化金融機構的價值

像比特幣這樣有全球範圍內進行價值轉移和儲存的網絡可以擔任與金融機構相同的角色。因此，從促進交易和作為價值儲存媒介的角度來看，將比特幣視為一種資產是合理的。

儘管在本節中我們將重點放在比特幣，實際上其他區塊鏈也具有模擬各種金融產品和非金融產品的用途。智能合約的出現使完全自動化業務操作成為可能，而無需依賴一般的基礎設施包括伺服器、電腦、辦公空間、企業基礎設施和員工。像以太坊這樣與智能合約相容的區塊鏈使得去中心化金融（DeFi）成為可能。在 DeFi 中，有許多的用例包括借貸、去中心化交易所、衍生性商品、保險等等。

然而，與金融業進行比較最直接的例子仍然是比特幣。另一方面，比特幣具有直接的用途，因此我們更容易將其與金融業中的中心化等價物進行比較。比特幣沒有員工、辦公室、供應商或與其所促成的交易有關的任何固定成本。基於這一點，公正地給予它一個與網絡的有用性相符的價值是合理的。如果比特幣能夠具備一些銀行的功能，那麼基於這些功能，它的公平價值將是多少呢？

我們在這裏把這種價值稱作是取代中心化金融機構的可信任分布式網絡的可比較價值。比特幣為金融業帶來了銀行所具備的信任水平，但是是以分布式的方式實現的。比特幣同時是一個網絡和一種加密貨幣，可用於發送和儲存價值，以及獎勵保持網絡安全的網絡節點／礦工，這與世界上任何其他資產類別都有很大的不同。

這裏就引入了一個「統一性」的概念，我們將「統一性」定義為比特幣是用於交易和激勵參與過程中的相關者的相同資產。這種統一性屬性為數字資產帶來了遞歸效應和自我調整效應，其中資產的價值將直接影響到所有利害關係人，包括確保網絡安全的礦工。因此當資產價值上升時，作為礦工來確保網絡安全的誘因也會增加。這就是為甚麼礦工參與者的增加（通常以哈希率衡量）被視為網絡價值的增加的原因。

為了更好地理解統一性，我們用 Visa 舉一個例子。我們認為 Visa 股票就沒有和比特幣同樣的「統一性」屬性，因為我們不能使用 Visa 股票在 Visa 網絡上進行交易，Visa 也不能用 Visa 股票支付其伺服器的維護費用，也不會用股票支付員工的薪水。假設如果 Visa 股票不僅用於代表公司所有權和治理，而且還用作 Visa 網絡上的貨幣和支付方式，並激勵 Visa 的利益相關者（供應商、用戶、員工等），那麼 Visa 股票的應用將更廣泛，流通速度更快，價值也會更高。

「統一性」的另一個重要優點是各個利益相關者之間激勵的一致性。一個中心化的企業可能存在許多利益不一致的方面，但比特幣的所有利益相關者之間的利益存在完全一致性。利益的完全一致性帶來了激勵的完全一致性，而這完全是由市場價格和不可更改的比特幣代碼所實現和調節的。

因此，我們提出了一種直接比較加密貨幣（在本例中為比特幣）和傳統金融市場（在本例中為銀行業）的方法。我們可以使用一個比率來進行比較並了解比特幣網絡相對於銀行業規模的大小。

BTC/Banking = 比特幣市值／全球銀行市值

相對於銀行市值而言，比特幣市值較高（這裏以 BTC/Banking 行比率表示）意味着比特幣網絡的使用率較高，比特幣價格應該更高。如果銀行市值成長而 BTC/Banking 比率保持不變或成長，那麼比特幣價格可能會上升。相反，如果 BTC ／銀行比率下降，比特幣價格可能會下跌。

下表顯示了比特幣市值、銀行市值、BTC/Banking 比率和比特幣價格的歷史數據。

Date	BTC Market capitalisation (trillion USD)	Banking Market capitalisation (trillion USD)	Ratio BTC/ Banking	BTC price
2016	0.016	6.8	0.24%	$864
2017	0.32	7.9	4.05%	$16,900
2018	0.056	6.5	0.86%	$3,200
2019	0.0132	7.6	0.17%	$7,300

Date	BTC Market capitalisation (trillion USD)	Banking Market capitalisation (trillion USD)	Ratio BTC/ Banking	BTC price
2020	0.46	6.1	7.54%	$24,700
2021	0.9	7.8	11.54%	$47,600
2022	0.32	7.7	4.16%	$16,800
2023	0.88	7.5	11.73%	$42,488

資料來源：Statista

根據我們的主要假設，即比特幣可以執行銀行系統的部分功能，我們使用比特幣市值和全球銀行系統市值來獲得 BTC/Banking 比率。我們可以只將這個比率作為衡量比特幣相對於銀行業是否被低估或高估的指標，也可以嘗試一些未來價格預測。如果在將來的任何時間點，BTC ／銀行比率增加，但比特幣價格沒有增加，那麼比特幣價格被低估，反之亦然。

結論

比特幣和其他加密貨幣相對於傳統金融體系提供了一種變革性的方法，為交易和價值儲存提供了去中心化的和高效的媒介。比特幣的統一屬性，即作為網絡、協議和加密貨幣的多重功能，使其與其他資產類別區分開來。我們所提出的 BTC/Banking 比率透過比較比特幣市值與全球銀行市值來評估比特幣成長潛力。鑑於比特幣的固有特性以及其執行當前由傳統銀行履行的功能的潛力，該比率和相應的價格預測可以成為比特幣未來估值的有力指標。

1.2 比特幣與電信網絡比較

在先前的例子中，我們將比特幣與傳統銀行業進行了比較，而在這個例子中，我們會把比特幣與電信業進行比較。例如，Filecoin 是一個分布式儲存協議，在編寫本書時，Filecoin 儲存的資料相當於全部 AWS 儲存的 10%（AWS 是市場上最大的雲端服務供應商）。因此我們可以將 Filecoin 的市值與 AWS 的市值進行比較，甚至與總的雲端儲存市值進行比較。

要將比特幣與電信業進行比較，我們需要收集全球電信市值，並與比特幣進行比較。然而，值得注意的是，與比特幣不同，涵蓋全球電信市值的電信股票沒有比特幣具有的統一性元素，即比特幣網絡中的股份是用於交易的相同單位。

以下是一些頂級電信公司的市值（2023 年）：

中國移動（1,820 億美元）、AT&T（1,400 億美元）、Verizon（1,760 億美元）和 T-Mobile（1,860 億美元），這只是其中的一些例子。全球排名前 150 的電信公司的市值總計為 2.6 兆美元，過去 20 年，電信業市值成長了兩倍。

考慮到編寫本書時，比特幣的市值約為 8,000 億美元，可以將比特幣網絡的價值與電信網絡的價值進行比較，後者為 2.6 兆美元。因此要讓比特幣達到與電信網絡相同的規模，比特幣市值將需要增加 3.25 倍。

考慮到比特幣有限的供應量可能對比特幣價格的影響超過 3.25 倍。為了計算比特幣相對於電訊市場的價格，我們建議使用供需的價格均衡方法（本書後面將討論）。比特幣和電訊網絡之間存在明顯的差異，因此對它們進行比較有着明顯的限制。然而從網絡效用的角度來看，仍然可以用歷史資料來比較。

1.3 驅動分布式網絡資產需求的因素

就像市場中的任何其他資產類別一樣，價格變動是由許多因素導致的，其中一個重要的因素是需求驅動，我們下面列舉了去中心化網絡的主要需求驅動因素。

在需求方面，比特幣的價格隨着網絡參與者的數量以及他們所認同的網絡的價值而增加，這些網絡價值包括：

- 對風險規避的需求
- 分布式網絡的需求
- 網絡服務的價值
- 網絡交易的需求
- 未來對網絡的參與
- 免審查的需求
- 對跨越時間和空間的需求
- 作為昂貴金屬的數字替代品，價值儲存需求
- 對消除交易對手風險、交易時間／成本、驗證成本和法律成本的需求
- 對透明度和消除資訊不對稱的需求
- 作為電子現金概念的需求
- 對廉價支付網絡的需求
- 對共享資料庫的需求
- 對無關聯金融資產的需求

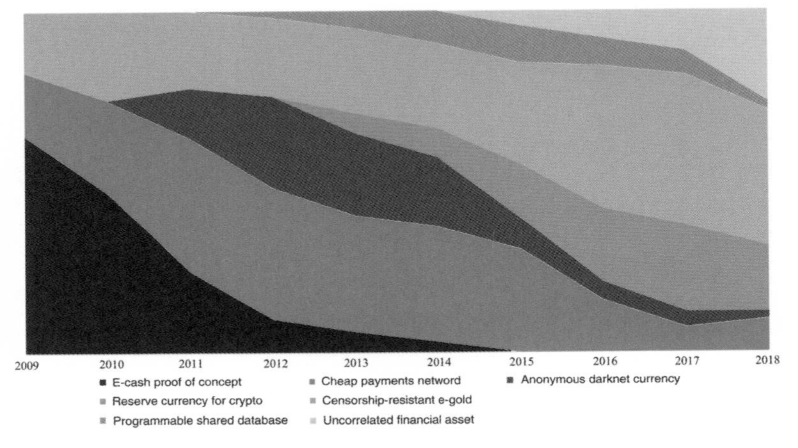

來源：Nick Carter《Visions of Bitcoin》。

所有這些因素都是需求 D 的一部分，D 是所有需求因素的函數，即 D = f(A, B, C, D, F...)，而均衡價格是需求和供給相交的點，即 D = S。

換句話說：

D = [風險規避] + [對分布式網絡的需求] +
[網絡服務的價值] + [網絡交易的需求] +
[未來對網絡的參與] + [免審查的需求] +
[未來的網絡參與] + [對跨越時間和空間的需求] +
[價值儲存需求] + [對消除交易對手風險的無需信任的需求] + [對透明度和消除資訊不對稱的需求] +
[作為電子現金概念的需求]+

[對廉價支付網絡的需求] + [對共享資料庫的需求] +
[對無關聯金融資產的需求] + [...]

了解了比特幣的需求和供應，我們可以使用價格均衡價格公式計算比特幣價格。

$$P = qS/qD$$

儘管影響比特幣需求的因素很多，但比特幣的供應量有限，這點和其他行業不同，其他行業中新的市場競爭者的進入會增加產品的供應，但如果是比特幣，市場中的新礦工的加入並不會增加比特幣的供應，只會增加哈希率，比特幣供應的高度不彈性使得價格對需求變化更敏感。

1.4 比特幣的摩爾定律補償

本節中我們將解析比特幣礦工為網絡投入的算力（也稱為哈希率）與比特幣價格之間的相關性，我們也會在計算中加入摩爾定律。

從歷史數據來看，比特幣的哈希率和比特幣價格之間存在正相關關係，但相關性並不一定意味着因果關係。通常，當比特幣價格上漲（或預期上漲）時，新的礦工會加入網絡中，因為此時挖礦的獎勵會更高，然而我們也可以將哈希率的增加視為對比特幣價格的長期押注。

透過線性迴歸，可以很容易地確定這兩個變量之間的緊密相關性。然而我們還需要意識到模型中可能出現的多重共線性。在這種情況下，多重共線性是有益的，因為它允許我們得到高度相關的指標（本例中的價格和哈希率），從而為比特幣的估值和價格預測提供框架。

關於比特幣價值與哈希率直接相關的一個論點是，較高的哈希率意味着比特幣網絡的安全性更高，從而使其作為價值儲存資產更具吸引力。儘管比特幣哈希率的小幅變化對比特幣網絡安全性的相對增減並沒有顯著影響，但重要的是要了解網絡的運算能力是隨時間增加還是減少。

為了更好地了解比特幣哈希率的發展情況，我們需要將哈希率增長與同一時間段內芯片技術的發展進行比較，也就是需要看淨哈希增長率，這就是我們要將摩爾定律納入計算的地方。

摩爾定律規定，電腦晶片容量每兩年就會增加一倍。假設這個定律繼續適用於衡量比特幣安全性的發展，在這種情況下，我們需要透過對摩爾定律進行補償來衡量哈希率在同一時期的表現，也就是要衡量哈希率的成長速度是比摩爾定律快還是慢。

我們是否應該使用摩爾定律？很多人批評摩爾定律，說它並不總是適用（例如英特爾從 14 奈米晶片進展到 10 奈米晶片花了五年的時間）。然而摩爾定律並不一定是關於晶片的尺寸，而是關於其提供的速度。除了晶片尺寸和電晶體數量之外，還有許多影響速度／容量的因素。因此，摩爾定律並不將其限制在電晶體數量上，晶片還可以透過其他改進來增加其容量。因此在本章節，我們假設摩爾定律將來會繼續適用。

比特幣的**摩爾定律補償**（Bitcoin's Moore Law Compensation – BMLC）是指如果比特幣挖礦的哈希率增長速度低於摩爾定律，那麼哈希率可能會增長，但網絡安全性不會有實質增加。為了增加比特幣的安全性，哈希率的成長需要超過摩爾定律。

參考摩爾定律中提出的電腦電晶體容量每兩年翻一番，比特幣的哈希率則需要每年增長超過 41% 才能有效提高網絡的安全性和實用性。儘管從某個時點開始，為網絡添加更多的哈希率在短期內對網絡安全性的增加非常微小，但持續添加哈希率對於長期網絡維護、彈性和安全性非常重要。

如果比特幣的哈希率在長時間內落後於摩爾定律，就可能會威脅到比特幣的長期實用性和安全性。

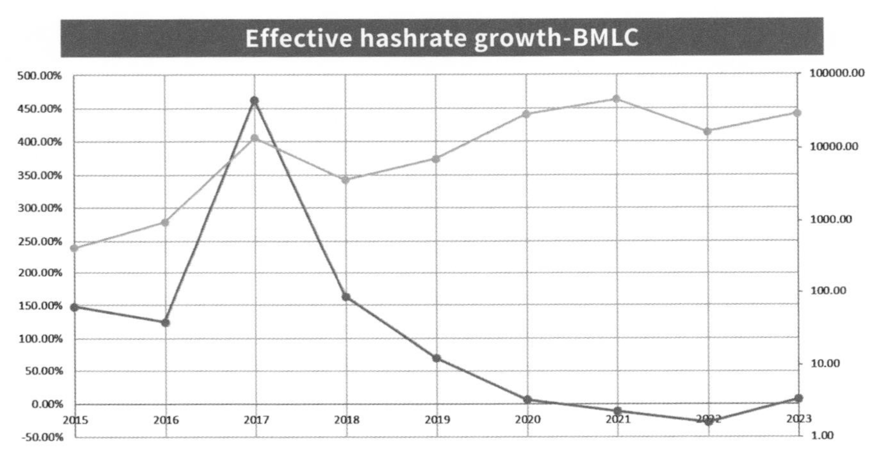

圖表：BMLC（深綠色線）和比特幣價格（淺綠色線）的有效哈希率增長

上圖顯示了比特幣價格（對數）和考慮到 BMLC 的有效哈希率增長。根據此表，在考慮摩爾定律的情況下，哈希率成長在 2021 年、2022 年和 2023 年是負成長。

對於 BMLC，我們使用了以下公式：

BMLC =（[年末總比特幣哈希率 -
年初總比特幣哈希率] /
[年初總比特幣哈希率]）- 41%

摩爾定律規定，微芯片的運算能力大約每兩年翻一番。

這可以用 2 的冪指數表示。以百分比成長來看，此倍率表示每年約成長 41%，因為 2^(1/2) = $\sqrt{2}$，約等於 1.41。儘管這只是一個近似值，實際增長率可能有所不同，但我們在模型中使用了 -41%。

儘管如此，我們仍然可以找到價格和哈希率之間的正相關關係。為了衡量這種相關性，我們繪製了年度哈希率增量和年度價格增量的圖表，如下圖所示。

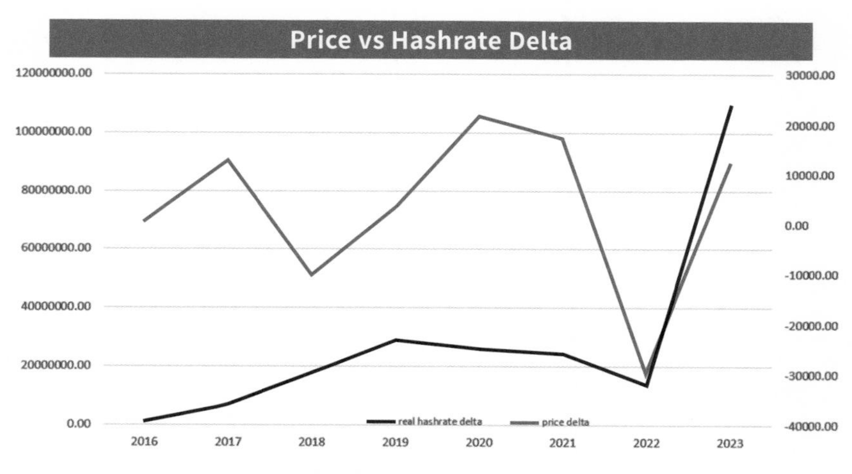

圖表：每年的哈希率增量（黑線）和價格增量（綠線）

透過上圖我們可以看出比特幣價格和哈希率確實存在相關性，根據我們的計算，BMLC 在這裏代表了實際的哈希率增量，價格與哈希率高度相關，R^2 為 0.92。

我們可以建立一個比率，將價格增量除以哈希率增量。

價格 / 哈希率增量比率 = [期間價格增量]/
[期間哈希率增量]

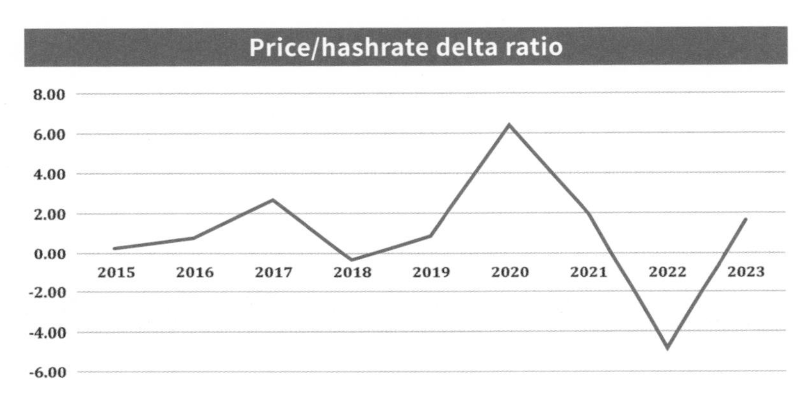

圖表：價格與哈希率增量比率

上圖表示比特幣價格和哈希率的相對變化程度，以便我們可以理解價格對哈希率的影響。當比率為正時，意味着價格增長超過了哈希率增長，這意味着比特幣相對於哈希率的變化來說更昂貴，反之亦然。

價格／哈希率增量比率可以用來評估價格在與哈希率的關係中是被高估還是被低估。如上圖所顯示的，2020 年和 2022 年這一點非常明顯，2020 年末的比特幣價格相對於哈希率增量而言是過高的，而在 2022 年，當比特幣價格跌至兩年低點的 1.5 萬美元時，這個比率是負數，因此可能是被過度拋售了。

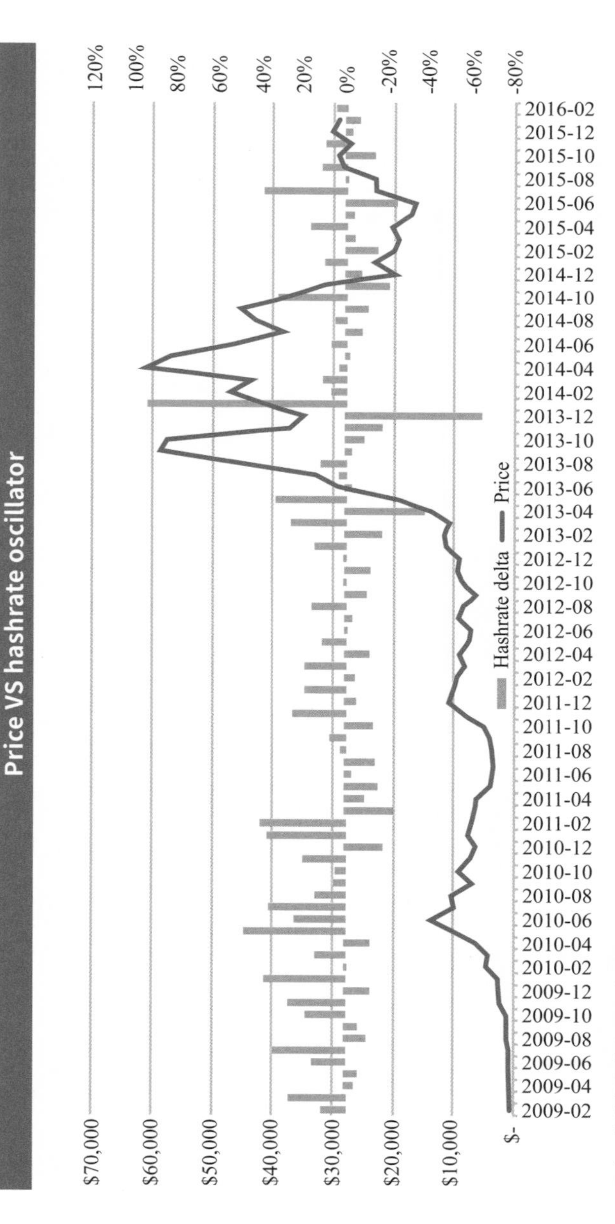

圖表：比特幣價格和哈希率增量

上圖顯示了每月的哈希率增量，我們可以很明顯地看出其和價格趨勢相關聯。因此我們認為比特幣的哈希率是預測價格變動的有用工具，是比特幣估值框架的一部分，價格和哈希率增量與 BMLC 的相關性也可以根據投資者的需求應用於不同的時間框架。

結論

探索比特幣價格與其哈希率之間的關係（尤其是在考慮摩爾定律的情況下），可以對這個網絡的內在動態有深入的了解。比特幣摩爾定律補償（BMLC）為比特幣網絡的安全性和實用性引入了一種微妙的視角，要求哈希率超過摩爾定律為網絡的成長設定了一個可觸及的目標，以確保其安全性不斷增強。

儘管偶爾會有偏差，比特幣價格與哈希率之間的正相關關係進一步證明了它們之間的聯繫，特別是價格／哈希率增量比率為評估比特幣相對於哈希率變化是否被高估或低估提供了有價值的視角。

最後值得注意的是，本節所呈現的研究結果是基於歷史資料的分析，但比特幣和整個加密貨幣是動態的不斷演變的，持續監控和重新評估要素之間的關係是至關重要的，適應變化是加密貨幣領域長期投資成功的重要因素。

1.5 比特幣均衡價格（調整到 M2 貨幣供應量）

在本節中，我們將使用比特幣價格均衡估值模型，即根據供需均衡來計算價格，並根據 M2 貨幣供應量進行調整。

比特幣的供應是相對容易計算的，因為其總供應量確定，結合其挖礦通貨膨脹率以及鏈上數據，我們可以計算出流通的比特幣數量。但另一方面，比特幣的需求的計算則更加複雜，因為有許多可能影響需求的變量。根據我們的研究，比特幣的大部分需求可以透過觀察其稀缺性（有限供應）、比特幣在投資組合中的地位以及其與 M2 貨幣供應的高度相關性來解釋。

比特幣的供應非常不彈性，但需求沒有上限。與許多其他市場不同，比特幣幾乎沒有替代品。供應彈性的常見例子：如果對產品 A 的需求增加，價格將上漲，通常供應商會增加生產，從而增加該產品的供應以滿足需求和價格的成長。同時消費者也可以選擇替代產品：例如在汽車市場上，如果新 SUV 的價格上漲，價格昂貴，他們可以選擇購買二手車。如果汽車太貴，他們也可以選擇購買一輛摩托車，汽車製造商也可以增加汽車產量以滿足需求。但在加密貨幣領域，使用比特幣時，用戶使用的是全球最安全的分布式網絡，沒有替代產品，也沒有次優選擇。此外無論價格如何，比特幣的供應是固定的，挖礦者永遠無法增加比特幣的產量。

同時，考慮比特幣的價格／需求的關係也很重要。對大多數產品來說，價格與需求呈現反向相關，也就是如果價格上漲，需求就會下降。然而，比特幣的需求略有不同，購買者始終可以繼續購買比特幣，即使在價格還在上漲的情況下也是如此。其他具有需求彈性不大的產品例如汽油，當汽油價格上漲時，購買需求並不會受到太大影響，因為人們始終需要使用汽油。比特幣也是如此，無論比特幣的價格是多少，它都可以繼續提供相同的服務或好處。比特幣作為全球最安全的分布式網絡，無論價格是 1 萬美元還是 10 萬美元，比特幣作為價值儲存的需求都會持續存在，那些認同比特幣有用的用戶將會持續使用它。

類似的例子還有黃金，黃金年供應增量通常在 1% 至 2% 之間，即使黃金價格增長 30% ，黃金數量（即通貨膨脹）

的變化仍然非常小，考慮到黃金仍然很難開採，黃金的數量／供應是非常不彈性的，這與其他常見的金屬如銅非常不同，如果銅價上漲 30%，供應量很可能也會顯著增加。

此外就像比特幣一樣，黃金在每盎司 500 美元或每盎司 2000 美元時仍具有相同的性質，並且用處相同。關於黃金的供應，根據 GoldHub 的數據，在黃金價格大幅上漲的年份，例如 2020 年，黃金價格上漲了 24%，黃金供應僅增加了 1.5%。

$$\text{黃金彈性係數} = \text{數量變動}\,\%/\text{價格變動}\,\%$$
$$= 1.5\%/24\% = 0.0625$$

當某種商品的彈性係數小於 1 時，通常被認為是低彈性的，黃金為 0.0625。

比特幣的供給彈性係數非常小，遠小於黃金的供應彈性。比特幣的供給彈性係數比黃金小 625 倍，有時甚至小於 0.0001，換句話說，比特幣比黃金稀缺 625 倍。此外比特幣的供應會在每次減半時減少，這意味着比特幣的供給彈性係數隨着時間的推移趨於更小。

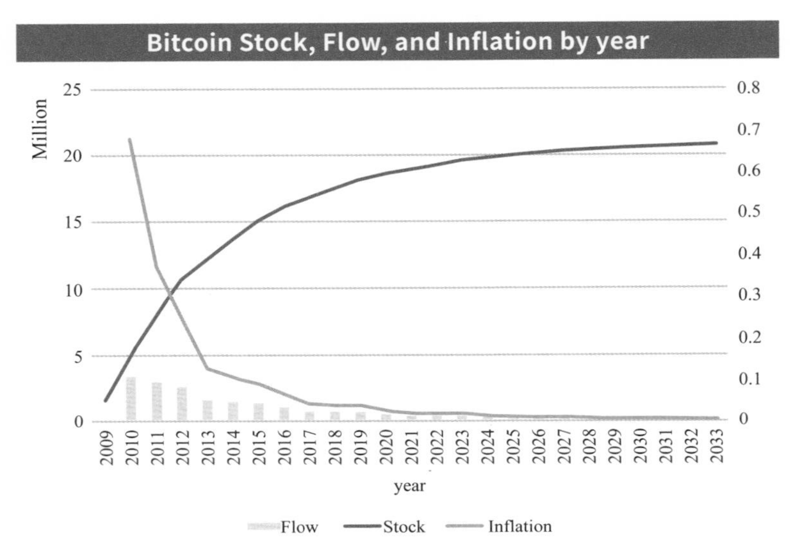

圖表：比特幣的流通、儲備量和通貨膨脹率

上圖顯示了比特幣總供應量作為儲備量，比特幣的流通和比特幣的通貨膨脹率。從這張圖可以看出，考慮到流通和通貨膨脹的減緩，比特幣的供給彈性將繼續降低。

我們觀察到的比特幣價格需求彈性非常低，這意味着比特幣價格對需求變化非常敏感。在這種情況下，也值得探索比特幣的收入彈性。收入需求彈性衡量了商品／服務需求量對收入變化的敏感度。

收入彈性＝需求量變動 % ／收入變動 %

對於比特幣來說，當收入增加時（透過 M2 貨幣供應來衡量），比特幣需求增加（而供應保持不變）。收入彈性大於 1 的產品被認為是優質商品，這些產品的需求在價格上漲時增加，相反反收入彈性為負的產品通常被認為是劣質商品，也就是隨着收入增加，人們對它們的需求會減少。

比特幣收入彈性＝（最終收入—初始收入）／（最終比特幣需求—初始比特幣需求）

正如我們之前所提到的，比特幣的供給彈性和流動比甚至低於黃金，黃金的供應在過去 100 年中非常穩定，每年增長 1% 至 2%，而比特幣的供給是透過代碼定義的，並將繼續減少。下表顯示了 2020 年至 2025 年的比特幣供應通貨膨脹率。

2020	2.51%
2021	1.78%
2022	1.75%
2023	1.73%
2024	1.13%
2025	0.84%

M2 貨幣供應：M2 代表流通中的所有貨幣，包括銀行存款、現金、支票等，由聯準會 (FED) 和世界各國的中央銀行提供。M2 貨幣供給主要由兩個原因造成成長：GDP 成長和中央銀行發行的更多貨幣。

我們認為比特幣與 M2 貨幣供應有相關關係的主要因素如下：

- 供應彈性：比特幣的供應是固定且非常不彈性的。無論比特幣的價格增加多少，供應量都保持不變。
- 收入彈性：M2 貨幣供應的增加與個人和企業收入的增加有關。
- 通貨膨脹：M2 貨幣供應的增加通常與通貨膨脹相關，而比特幣被視為「價值儲存」或「數字黃金」，可保護投資者免受通貨膨脹的影響。
- 資產配置：循環貨幣的增加可以增加可投資資產的流動性。截至 2022 年，全球的資產管理規模為 131 兆美元。加密市場總市值在撰寫本書時為 1.3 兆美元，大致相當於全球總資產管理規模的約 1%。比特幣的市值約佔其中 50%，換句話說，佔全球資產管理規模的 0.5%。

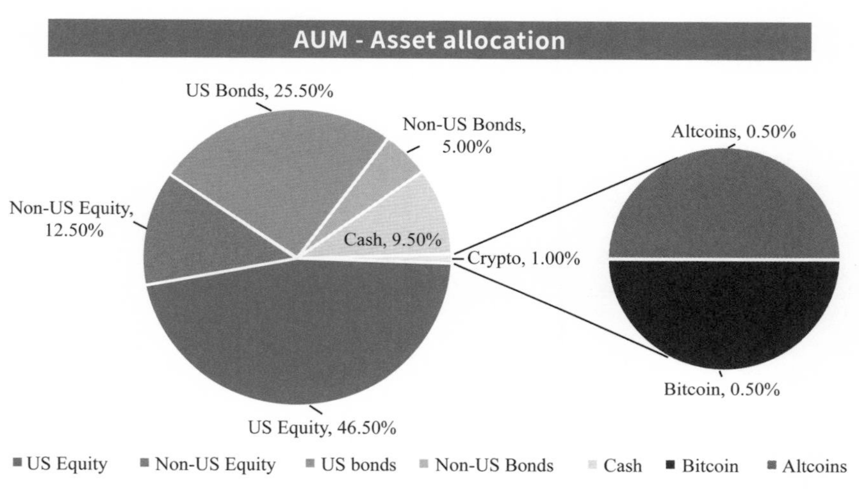

圖表：2023 年全球資產管理分佈

上圖表示了截至 2023 年 2 月全球資產管理的分佈。根據我們撰寫本書時的比特幣的市值，比特幣應該佔據全球所有可投資資產的 0.5% 。

繼續回到 M2 貨幣供應與可投資資產的相關性，以標普 500 指數為例：

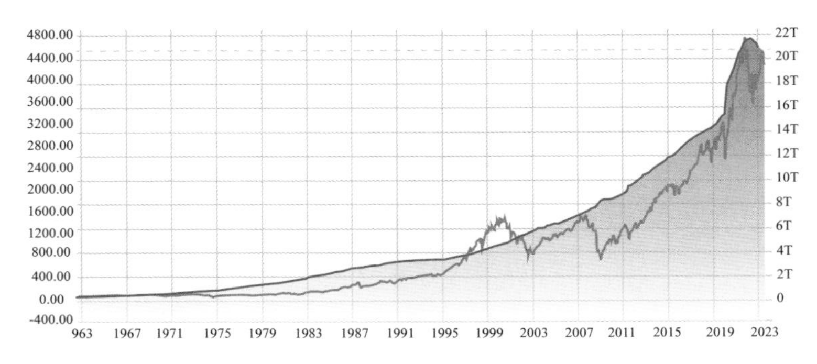

標普 500 指數（淺綠線）和美國 M2 貨幣供應（深綠色），1963 年至 2023 年
資料來源：TradingView、聯準會資料。

上圖說明了 M2 供應和標普 500 之間的相關性（因果關係），圖表追溯到 1960 年，可以推斷出在經濟中流通的部分資金最終會流向標普 500。標普 500 和比特幣之間的一個重要區別是，作為指數的一部分，公司有可能發行更多股票，而正如我們之前所提到的，比特幣永遠不會增加其供應量。

透過觀察圖表我們已經可以發現其中的相關性，我們以下也進行了迴歸分析，以便更好地了解 M2 和標普 500 之間的相關性。利用過去 15 年的標普 500 和 M2 資料進行迴歸分析，可以觀察到兩者高度相關。另外如果應用一些滯後的時間段兩者之間的相關性就會更高，例如採用 8 個月滯後的 M2 得出了 r^2=0.98，這個想法最初是由 Man Yin To 在 SeekingAlpha 上提到的。

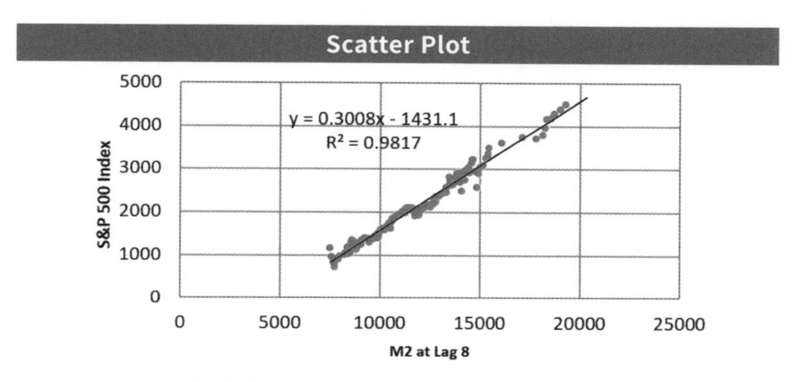

圖表分析：標普 500 指數與美國 M2 貨幣供應（8 個月滯後期）的關係

基於上述圖表分析，我們可以從而預測標普 500 指數的價格：

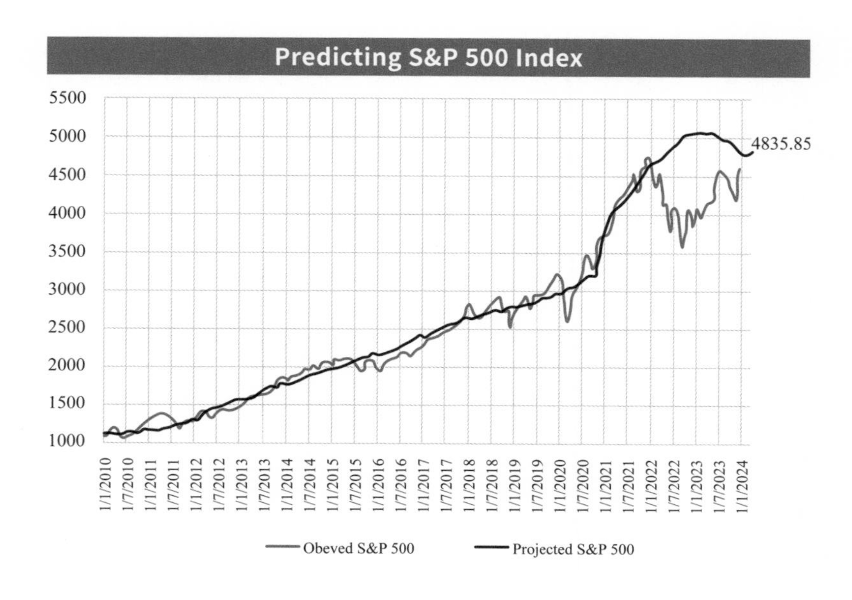

我們也用歷史資料對比特幣與 M2 還有與標普 500 進行了迴歸分析，分析得出比特幣與 M2 的相關性為 0.86，與標普 500 的相關性為 0.90，相關性都非常強。

不同的指標都顯示 M2 貨幣供給在長期內將持續增加。歷史上政府總是需要透過「印錢」來支付債務利息和支持政府活動，正常情況下大多數國家都將繼續擴大其貨幣供應。然而值得注意的是，在短期內，M2 供應可能會收縮。政府可能會採取量化緊縮的政策以控制通貨膨脹，就像我們在 2022 年和 2023 年看到的那樣，再加上較高的利率，可能導致流向可投資資產的資金收縮。

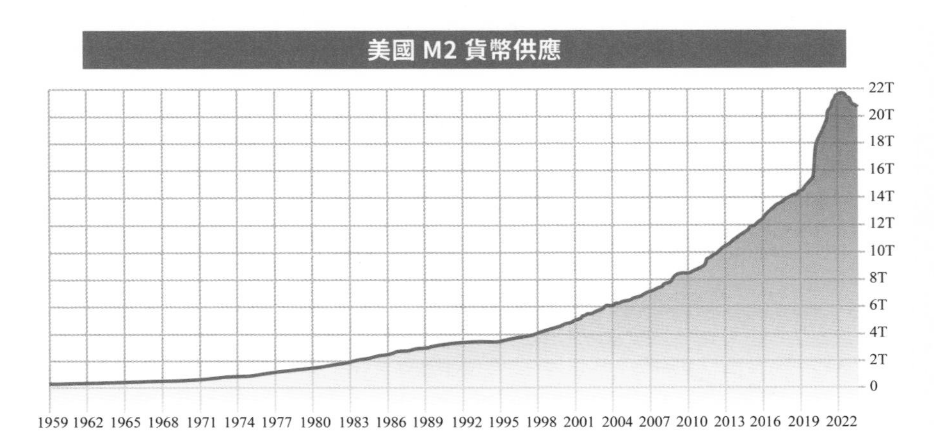

資料來源：TradingView、聯準會資料。

從上圖中，我們可以得出結論，市場上的貨幣供應將在中長期內持續上升。儘管我們專注於美國的 M2 供應，但不僅美國的 M2，包括中國、日本、印度、俄羅斯、加拿大和歐盟在內的許多國家也採取類似的貨幣政策。所有使用法定貨幣的國家為了跟上世界貿易和美元儲備，都將不斷印鈔，甚至比美國還要多，這種現像被稱為「美元奶昔理論」。

透過 M2 貨幣供應預測比特幣價格

如同我們先前迴歸分析所得出的，M2 和標普 500 之間的 10 年相關係數為 97%，現在我們引入一些附加的假設。在下文的價格均衡模型中，我們考慮到了比特幣持有者中有一部分是長期持有者，從而將一些比特幣從流通中移除，此外根據一些統計，所有比特幣中有 30% 是已經永遠失去了的。

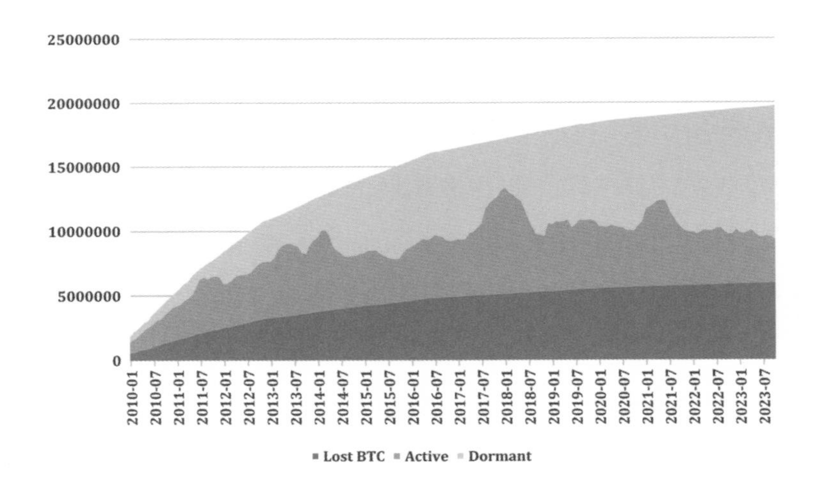

圖表：比特幣隨供應量

上圖表示比特幣的總供應是如何依照活躍的流通、休眠和遺失來劃分。長期持有者（圖上的休眠比特幣）是持有比特幣超過 1 年的持有者，這個佔有率正持續成長。比特幣的實際流通供應量較低且大多數持有者都是長期持有者，這使得比特幣的流通速度較低。然而如果只考慮比特幣的 M0 和 M1 的流通速度，其速度將遠高於整體的 M2 和 M3 的速度。

這裏我們給出如下定義：

M0 = 投機性比特幣

M1 = 存放在交易所、熱錢包、 wBTC 中的比特幣

M2 = M1 + 冷存儲、比特幣長期持有者、
鎖定在 DeFi 中的比特幣等

M3 = 永遠丟失的比特幣

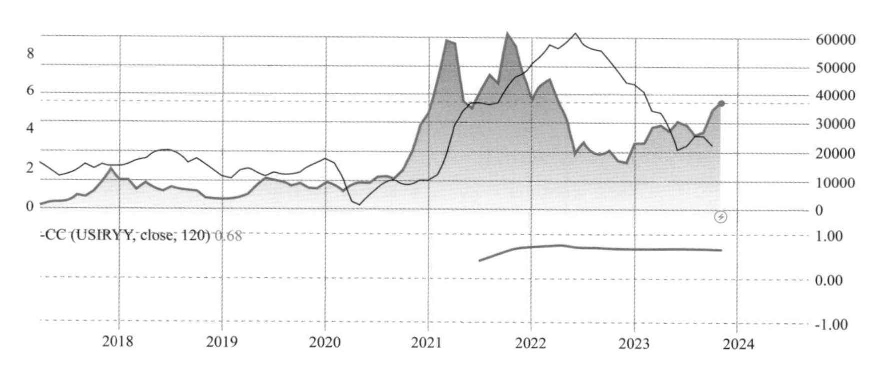

圖表：比特幣價格和美國通貨膨脹率的 10 年相關係數為 0.68 。
資料來源：TradingView 、 Bitstamp 、美國勞工統計局。

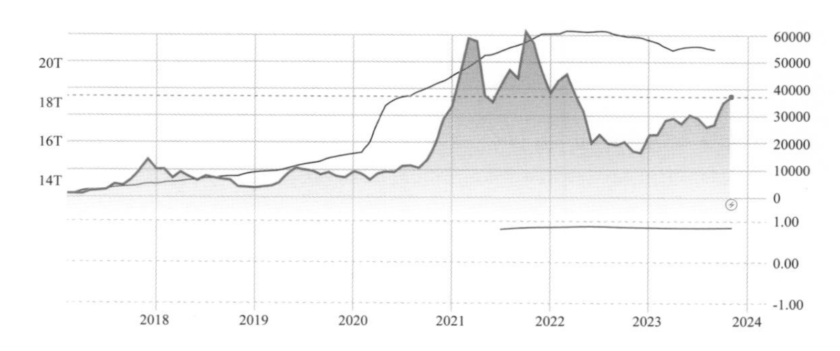

圖表：比特幣和 M2 貨幣供應的相關係數為 0.8 。
資料來源：TradingView 、 Bitstamp 、聯準會。

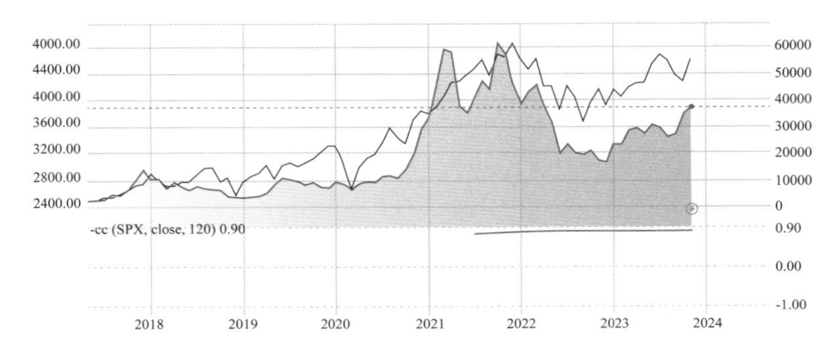

圖表：比特幣和標普 500 指數的相關係數為 0.90。
資料來源：TradingView、Bitstamp、標普。

考慮到上述假設和相關性，我們創建了一個模型來評估和預測比特幣價格。比特幣與標普 500 指數的函數可以用 y = 0.0009x - 0.0136 表示，這個函數是透過先前的線性迴歸得出的。計算出了比特幣的市值之後我們可以再計算比特幣的均衡價格，就我們需要考慮流通中的比特幣數量。我們在這裏會加入一個「持有因子」(Hold rate)，範圍從 10% 到 80%，可以透過以下公式表示：

$$y = \text{MIN}(6, \text{MAX}(0, (A\sin(ft+0))))$$

其中 A 是持有率的振幅，f 是頻率，t 是對應於先前周期比特幣價格的時間，這個公式的本質是創建了價格和持有率之間的關係，持有因子是一個變量，考慮到一部分比特幣持有者永遠不會出售比特幣，包括那些永遠失去的比特幣。

最後，我們可以預測比特幣價格：

比特幣價格 ＝ 初始價格 * (1 + ((最終標普市值 * 0.0009 - 0.0136 – 初始標普市值 * 0.0009 - 0.0136) ／ (初始標普市值 * 0.0009 - 0.0136)((1/ (1 - 持有因子) + MIN (6, MAX (0, (Asin(ft + 0))))))

根據我們的預測，到 2032 年末，比特幣的價格可能達到 100 萬美元。

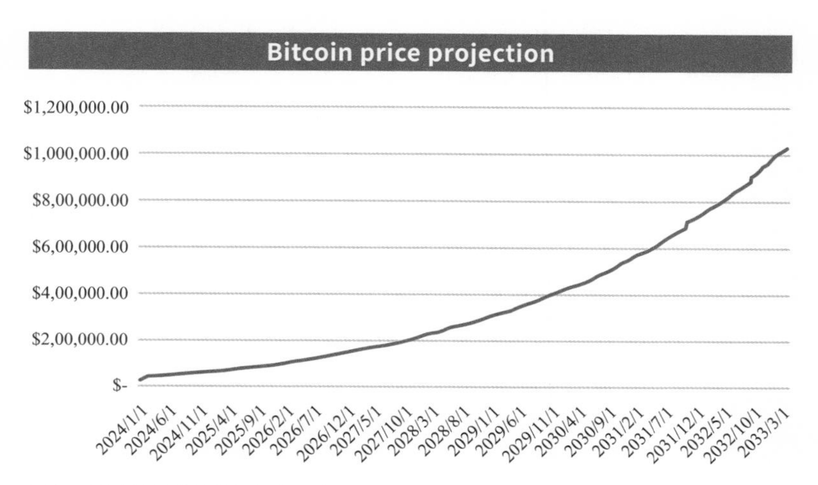

圖表：根據該模型的比特幣價格預測

上述理論模型也可以用來估計整個加密貨幣市值，我們前文曾提過整個加密貨幣市場接近總資產管理規模的 1%。

根據我們的研究，整個加密貨幣市值與 M2 貨幣供應的相關係數為 84%，與標普 500 指數的相關係數為 90%。此外，希望了解 M2 貨幣供應對其他資產的影響的投資者可以根據該資產在總加密市值中的權重進行類似的計算，例如，在編寫本書時，比特幣市值在加密資產總市值中的權重約為 50%，以太坊的權重為 17%，不過本模型可能更適合評估具有類似比特幣特徵的較成熟的 native currency。

結論

我們上文建立的模型是考慮了 M2 貨幣供應量，根據相關關係計算對應資產的價值，但這種方法在很大程度上是理論性的，並依賴一系列嚴重依賴貨幣政策的假設，但是假設不總是成立，例如全球經濟的動態、監管行動、技術進步和其他事件都有可能打破這種相關性。

此外，此模型對比特幣持有者和遺失或休眠的比特幣數量的假設也可能隨時間而變化。「持有因子」通常難以準確量化和預測，因為它取決於比特幣市場中無數參與者的個別行為，而各種因素都會影響到這一個體行為。總之，雖然此模型提供了一新穎的預測比特幣價格的理論方法，但只是在理論層面上供投資者參考，投資者在做投資決策時，重要的是了解模型固有的假設和限制，並在此基礎上考慮更多的資訊和方法。

1.6 比特幣庫存流動模型

庫存流量模型（Stock-to-Flow Model，S2F）已被用於預測各種商品和貴金屬等資產的價格。S2F 模型基於這樣一個概念：資產的價值隨着其稀缺性的增加而增加。「庫存」是比特幣的總供應量，「流動」是透過挖礦創建新比特幣的速度，比特幣的 flow 大約每四年減半一次。為了計算比特幣的 S2F，可以從確定存量開始，在任何給定的時刻，存量對應於該幣種的總流通供應量。要確定 flow 需要計算特定時期進入流通的新幣數量。對於比特幣來說，每 10 分鐘產生一個新區塊，獎勵為 6.25 個比特幣，而這個獎勵大約每四年減半一次，從而減少了 flow。

S2F ＝ 存量／流動

為了更好地使用 S2F 比率，我們引用了一個乘數 421.8，使用該乘數可以得到最大相關數值。將 421.8 應用於 S2F 模型，得到了歷史價格相關性為 85%：

S2F 價格預測＝ 421.8 * (存量／流動)

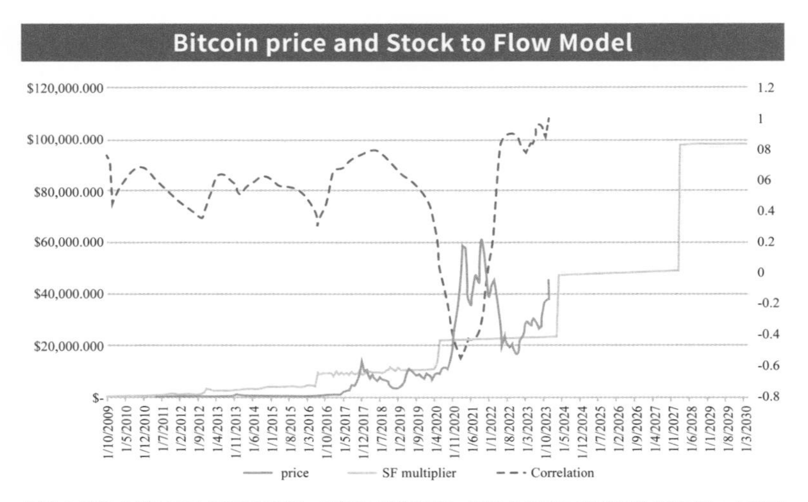

圖表：淺綠色線表示存量流動模型，預測比特幣價格；深綠色線表示比特幣實際價格；虛線表示存量流動模型與比特幣價格之間的相關係數（右側軸），我們可以看到它們大部分時間高度相關。

截至 2024 年 1 月，已挖掘的比特幣總數約為 1,960 萬個，考慮到目前每個區塊的獎勵為 3.125 個比特幣（2024 年 4 月減半後），每年將挖掘約 164,250 個新比特幣，直到下次減半。因此，2024 年的 S2F 比率約為 119（19,600,000/164,250），明顯高於黃金和白銀等資產的比率。

再引入先前提到的乘數，比特幣的 S2F 價格預測為：

S2F 價格預測 ＝ 421.8 * (存量／流動)

S2F 價格預測 ＝ 421.8 * (19,600,000/164,250)

S2F 價格預測 = 421.8 * 119

價格 = 5 萬美元

有些人認為 S2F 模型的限制在於它過度簡化了比特幣市場的動態，因為 S2F 模型沒有考慮到需求。雖然有人認為需求已經反映在價格中，但也有人指出需求可能受到許多因素的影響，包括監管變化、技術進步、市場情緒和經濟狀況，這些因素可能導致實際價格與 S2F 模型預測的價格出現顯著偏差。此外 S2F 模型假設區塊獎勵的減半將始終導致價格顯著上漲，然而情況並非總是如此。

結論

總的來說，S2F 模型是理解比特幣稀缺性對價格潛在影響的工具。但就像所有模型一樣也有一定的局限性，應在製定投資決策時與其他分析方法和市場資訊結合使用。就像上文提到的，S2F 模型沒有考慮需求，主要着重在供應端，這可能會導致它對價格波動的解釋能力相對有所欠缺，因為價格波動往往由多種原因造成。

1.7 比特幣的市銷率

市銷率（P/S）在股票市場中被廣泛用於股票的估值，將股票的當前價格與其收入或利潤相關聯。市銷率通常用於評估尚未獲利的公司（尤其是成長股），透過觀察市銷率可以了解該資產與同一行業中其他公司以及其歷史表現相比是被低估還是被高估。儘管按照傳統會計定義，比特幣沒有收入，但如果將區塊獎勵和交易費用視為收入，比特幣確實有收入，此外與許多成長股類似，比特幣沒有利潤或利潤。

比特幣網絡本身也沒有費用，因為比特幣網絡本身是免費運作的。雖然比特幣礦工需要在硬體和電力上花費，但我們可以將其視為外部因素，考慮到比特幣網絡、比特幣價格和相應功能與比特幣礦工成本無關——這點不同於傳統企業，產品開發成本是「內部化」的。基於這一點，我們可以透過簡單地觀察交易費用、區塊獎勵和比特幣的流通供應量來得出加密市銷率，並將該比率用於比較加密貨幣的價格與其收益。此外，市銷率也可以用於 DeFi 協議的估值，因為 DeFi 協議出售服務並產生費用，與傳統企業類似。

對於比特幣來說，因為比特幣網絡為礦工產生費用和區塊獎勵，比特幣的市銷率圖表與 S2F 圖表相似，這是因為用於計算市銷率的總礦工收入直接與比特幣的流動相關聯。

市銷率 ＝ 市值／銷售額

市銷率 ＝ 加密貨幣價格／(總礦工收入 / 流通供應量)

市銷率 ＝ 加密貨幣價格／[(費用＋區塊獎勵) / 流通供應量]

市銷率 ＝ 30,000/(832,211,538.46 美元／19,460,110)

比特幣市銷率 ＝ 665.3

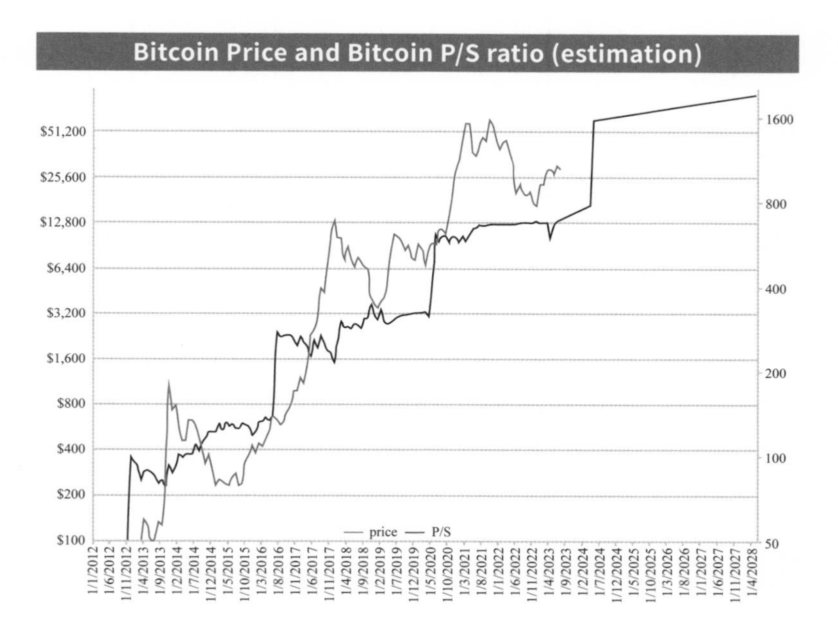

在某些方面，市銷率與存量流動模型類似。我們已經確定了價格、礦工獎勵之間的遞歸效應，以及它們對市銷率的影響。然後根據未來的區塊獎勵和 2024 年的區塊減半，我們可以推測在特定的市銷率下比特幣的價格。這種方法相對比較簡單，但可以幫助我們了解價格與比特幣市銷率之間的偏離程度，並得出價格相對是被高估還是被低估的結論。

結論

市銷率不僅對比特幣，而且對其他加密貨幣來說都是一個有價值的估值指標，然而這種模式也有一些局限性，市銷率忽略了發行新幣以獎勵礦工／驗證者可能造成的拋售壓力，並可能損害項目和網絡的長期可行性。但對於比特幣來說，這種情況不適用，因為比特幣的發行量隨時間減少。此外市銷率可能不適合用於不同費用結構的加密貨幣。例如，Solana 的「銷售」模型非常不同，因此將比特幣的市銷率與 Solana 的市銷率進行比較是不合理的。總的來說，儘管市銷率可以提供有關比特幣和其他加密貨幣價值的一個角度，但也應與其他指標和分析方法結合使用。

1.8 比特幣與黃金 ETF 比較

比特幣問世長期以來都被認為是和黃金相似的價值存儲或者說是避險資產，BlackRock CEO Lary Fink、ARK Cathie Wood、Bank of America、Deutsche Bank、JPMorgan、

Citigroup、Goldman Sachs、Morgan Stanley 以及 Fidelity 等等知名機構都曾公開發表過類似的將比特幣類比黃金的觀點。比特幣與黃金之間的類比主要基於以下幾個方面：

稀缺性：類似黃金，比特幣的供應量是有限的。比特幣的總供應量被固定在 2,100 萬枚，這意味着它具有一定的稀缺性。黃金也是一種稀缺資源，其供應量有限且難以增加。

價值儲存功能：黃金被廣泛視為一種儲值工具，具有抗通貨膨脹和保值的屬性。比特幣在某種程度上也被認為具有儲值功能，因為它的供應量有限且不受政府乾預。比特幣的設計使其具有抗通貨膨脹的特性。

市場情緒：黃金在市場中常被視為避險資產，當投資人對經濟不確定性增加或市場波動性上升時，往往傾向投資黃金。比特幣在某種程度上也被視為一種避險資產，因為它與傳統金融市場相對獨立，並且在某些情況下被視為對沖通貨膨脹和政治不穩定的工具。

市場行為：黃金和比特幣都受到投機者和投資者的關注，其價格漲跌受到市場需求和心理因素的影響。兩者都可以用作投資工具，以追求資本增值。

由此我們可以透過類比黃金來探討比特幣未來價格的發展趨勢。

黃金市場機構化

World Gold Council 發佈的黃金市場結構的發展趨勢中指出，除了銀行在黃金市場發揮主導作用，非銀行機構也逐漸成為黃金重要的流動性提供者，這些機構包括對沖基金、高頻交易公司等，此外例如以 ETF 形式代表的零售投資者與批發市場的互動也日益增加，進而對黃金價格產生影響。

當機構發佈黃金 ETF 時，可能會對金價產生一定的影響，原因在以下幾個方面：

市場流動性增加：發佈黃金 ETF 可以為投資者提供一種方便的方式來投資黃金，因為 ETF 可以在交易所上進行買賣，這樣的舉措可能會增加金市的流動性，吸引更多投資者參與黃金市場，進而對金價產生影響。

投資需求增加：黃金 ETF 的推出可能會刺激投資者對黃金的興趣。投資者可以透過購買黃金 ETF 股票來獲得對黃金的曝險，而無需實際持有和儲存實體黃金。因此，發佈黃金 ETF 可能會增加對黃金的投資需求。

市場情緒與預期：發佈黃金 ETF 可能會影響市場的情緒和預期，如果投資者認為黃金市場前景積極，例如對避險需求的增加，通貨膨脹預期的上升，市場利率的走低，他們可能會增加對黃金 ETF 的需求。

下表展示了截至 2023 年 11 月 6 日，按照 AUM 排序，前 20 位的黃金 ETF，其中規模最大的兩支分別是 State Street Global Advisors（SSGA）於 2004 年發行的 GLD，以及 BlackRock 旗下品牌 iShares 的於 2005 年發行的 IAU，資產管理規模分別在 556 億美金和 258 億美金，我們下文的分析主要選取這兩支 ETF 作為代表。

Symbol	ETF Name	Issuer	Inception Date	Total Assets ($M)
GLD	SPDR Gold Shares	State Street Global Advisors	Nov 18, 2004	55,611.50
IAU	iShares Gold Trust	BlackRock	Jan 21, 2005	25,778.80
GLDM	SPDR Gold MiniShares Trust	State Street Global Advisors	Jun 25, 2018	5,979.80
SGOL	Abrdn Physical Gold Shares ETF	Abrdn Plc	Sep 09, 2009	2,731.97
BAR	GraniteShares Gold Shares	GraniteShares	Aug 31, 2017	937.97

Symbol	ETF Name	Issuer	Inception Date	Total Assets ($M)
IAUM	iShares Gold Trust Micro ETF of Benef Interest	BlackRock	Jun 15, 2021	931.84
OUNZ	VanEck Merk Gold Trust	Van Eck	May 16, 2014	754.12
AAAU	Goldman Sachs Physical Gold ETF	Goldman Sachs	Jul 26, 2018	547.75
UGL	ProShares Ultra Gold	ProShares	Dec 01, 2008	173.59
DBP	Invesco DB Precious Metals Fund	Invesco	Jan 05, 2007	133.81
DGP	DB Gold Double Long Exchange Traded Notes	Deutsche Bank	Feb 27, 2008	79.25
IGLD	FT Cboe Vest Gold Strategy Target Income ETF	First Trust	Mar 02, 2021	79.12
FGDL	Franklin Responsibly Sourced Gold ETF	Franklin Templeton	Jun 30, 2022	69.30
IAUF	iShares Gold Strategy ETF	BlackRock	Jun 06, 2018	53.59
BGLD	FT Cboe Vest Gold Strategy Quarterly Buffer ETF	First Trust	Jan 20, 2021	28.08

Symbol	ETF Name	Issuer	Inception Date	Total Assets ($M)
GLL	ProShares UltraShort Gold	ProShares	Dec 01, 2008	11.21
DZZ	DB Gold Double Short Exchange Traded Notes	Deutsche Bank	Feb 27, 2008	4.42
SESG	Sprott ESG Gold ETF	Sprott	Aug 02, 2022	3.97
DGZ	DB Gold Short Exchange Traded Notes	Deutsche Bank	Feb 27, 2008	3.19
GLDX	USCF Gold Strategy Plus Income Fund ETF	Marygold	Nov 03, 2021	3.15

來源：VettaFi，HashKey Capital 整理

黃金 ETF 對黃金價格的影響

下圖分別展示了 GLD 以及 IAU 的 AUM 和黃金現貨價格的相關性，兩個迴歸的 R 平方值都超過 0.9，所以就 GLD 和 IAU 這兩個資產規模最大的黃金 ETF 而言，黃金現貨價格的變化和相對應 ETF AUM 的變化仍然存在較強的相關性。

GLD 和 IAU 的 AUM 和相對應黃金現貨時間區間我們選擇了過去十年的資料（2013 年 8 月 30 日到 2023 年 8 月 16 日）。

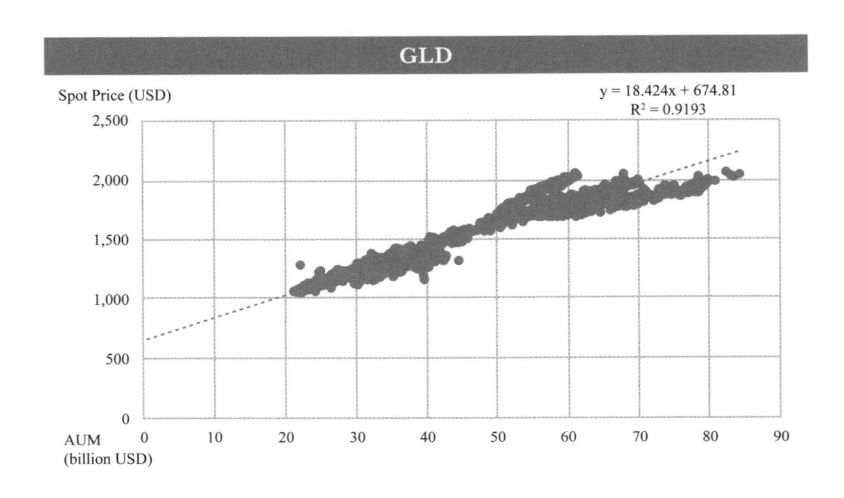

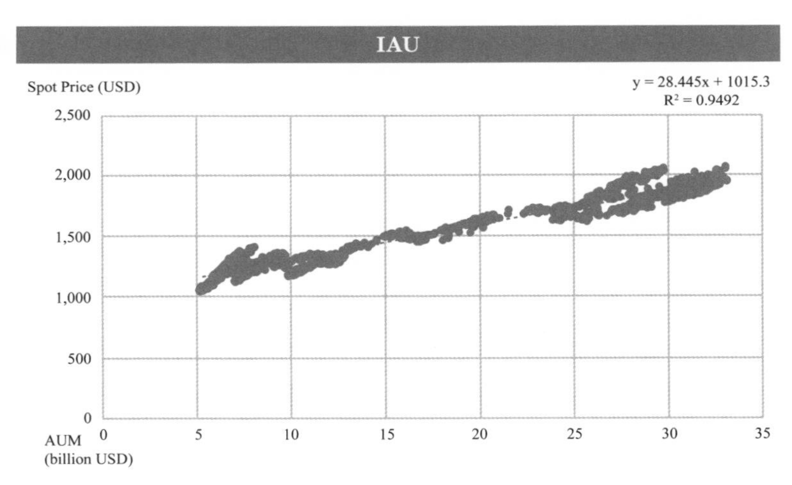

而如果只是粗略地觀察發佈 ETF 後黃金價格的變化也可以看出 ETF 對於價格的影響：我們選用一天，兩天，一週，兩週，一個月，兩個月，半年，一年這幾個不同的時間窗口來研究 GLD 和 IAU 發佈後黃金價格的變化，特別是比

較短的時間窗口，例如一天，兩天，一週，兩週，一個月，這些時間段中，黃金的價格大部分都在上漲。儘管金價的變動受到多種因素的綜合影響，包括全球經濟狀況，地緣政治，通貨膨脹預期，市場利率，貨幣政策等等。

	Inception Date	GLD	IAU
		Nov 18, 2004	Jan 21, 2005
1 day	ETF Transaction Volume (USD)	11,655,300	759,500
	Gold Price change%	0.80%	0.95%
2 days	ETF Transaction Volume	23,651,300	1,107,000
	Gold Price change%	1.30%	0.28%
1 week	ETF Transaction Volume	36,023,300	4,509,000
	Gold Price change%	2.07%	0.82%
2 weeks	ETF Transaction Volume	56,353,100	7,486,500
	Gold Price change%	2.76%	-2.10%
1 month	ETF Transaction Volume	86,905,300	11,016,000
	Gold Price change%	0.01%	0.90%
2 months	ETF Transaction Volume	128,644,900	19,080,500
	Gold Price change%	-4.58%	2.22%
6 months	ETF Transaction Volume	276,295,700	37,732,500
	Gold Price change%	-5.03%	2.81%
1 year	ETF Transaction Volume	507,003,900	108,245,500
	Gold Price change%	9.92%	34.00%

資料來源：Yahoo Finance，HashKey Capital 整理

黃金的市值在 2023 年 11 月 9 日大概是 12.9 trillion USD，而比特幣則是 713 billion USD 黃金市值是比特幣市值的 18 倍，所以資金流入量相同的情況下，比特幣 ETF 資金的流入對比特幣價格帶來的影響會遠大於黃金 ETF 對於黃金價格的影響。

Chart Market Capitalization of Gold and Bitcoin, in USD bn

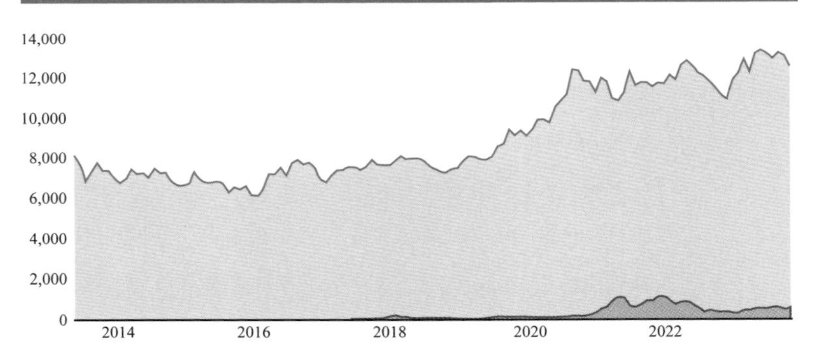

資料來源：Ingoldwetrust

比特幣 ETF

投資 ETF 整體的好處我們這裏不再贅述，具體地，投資加密貨幣 ETF 的好處包括：

多樣化的投資組合：加密貨幣 ETF 通常包含多個不同的加密貨幣資產，如比特幣、以太幣和其他主要加密貨幣。透過投資加密貨幣 ETF，可以獲得多個加密貨幣的投資敞口，從而實現投資組合的多樣化，降低特定加密貨幣的風險。

簡化交易：與直接購買和持有多個加密貨幣相比，投資加密貨幣 ETF 可以提供更簡化的交易方式。對於投資者的門檻較低，投資者可以透過購買或賣出 ETF 份額來參與加密貨幣市場，而無需處理個別加密貨幣的交易和存儲，ETF 由專業的基金團隊管理，投資者無需保管加密資產。

流動性和透明度：加密貨幣 ETF 通常在交易所上市，具有良好的流動性。投資者可以在交易所上隨時買入或賣出 ETF 份額，而無需等待特定的市場條件或交易對手。此外 ETF 的淨資產值和持倉組合通常公開揭露，使投資者能夠更好地了解其投資的情況。

監管合規性：加密貨幣 ETF 通常是在監管機構的框架下運作，例如 SEC 的監管。意味着它們需要遵守特定的規定和揭露要求，為投資者提供一定程度的監管保護。

在 2024 年之前，世界各地已批准了多個加密貨幣 ETF，但是影響都比較小，原因是它們在比較小的市場中發行，而這其中美國批准比特幣現貨 ETF 就至關重要，原因是美國股市佔全球市值的近 42%，與已發行加密貨幣 ETF 的其他國家（如加拿大、歐洲、巴西和杜拜）相比，美國擁有非常龐大的股票市場和流動性。

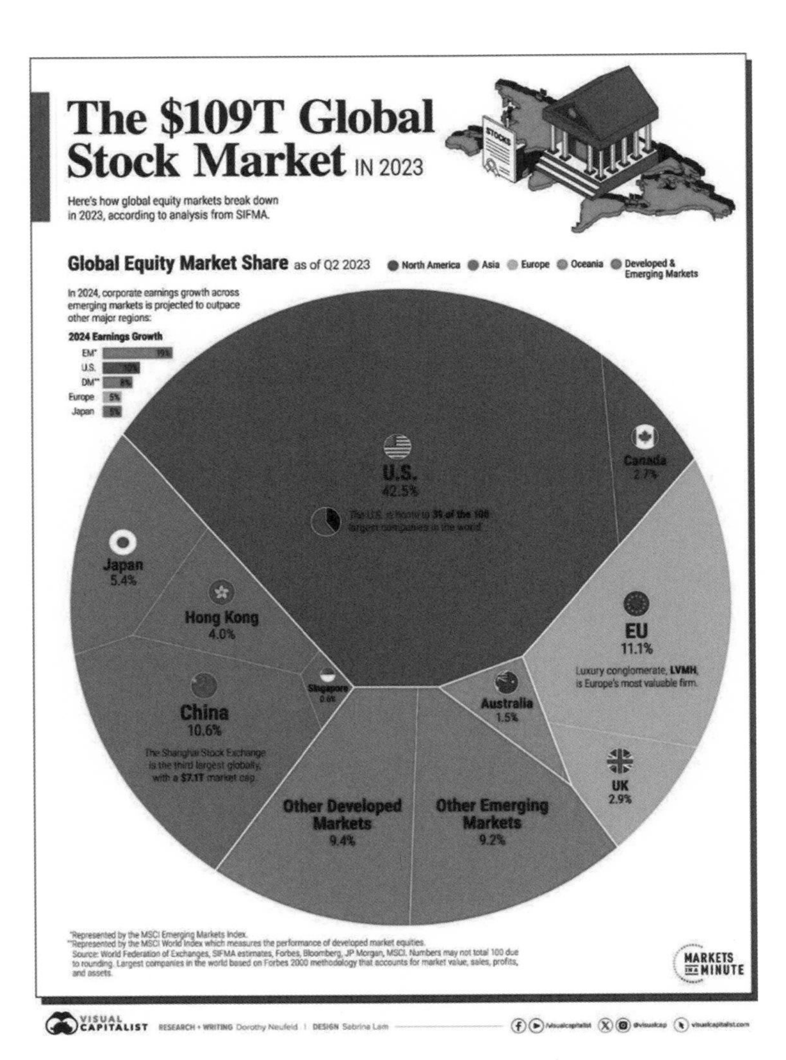

資料來源：Visual Capitalist

在各機構遞交比特幣現貨 ETF 申請之前，美國已經發行了一些比特幣期貨 ETF，比如：ProShares Bitcoin Strategy ETF、Amplify Transformational Data Sharing ETF、Bitwise Crypto Industry Innovators ETF、Global X Blockchain & Bitcoin Trust Indegy ETF、Firstto Industry Innovators ETF、Global X Blockchain & Bitcoin Trust Indegy ETF、Firstto Industry Innovators ETF、Global X Blockchain & Bitcoin Trust Indegy ETF、Firstto Industry Innovators ETF、Global X Blockchain & Bitcoin Trust Indegy ETF、Innovative Transaction & Process ETF 等，其中 ProShares Bitcoin Strategy ETF 是第一個在美國上線的比特幣期貨 ETF，管理資產大概在 10 億美金。

那麼比特幣現貨 ETF 和期貨 ETF 的差別是甚麼呢？比特幣期貨 ETF 的運作方式是基金管理公司會購買比特幣期貨合約，並以其為基礎創建 ETF。這些期貨合約是與比特幣價格相關的金融衍生性商品，不需要實際持有比特幣，進而對比特幣價格的影響相對較低，期貨 ETF 的淨資產值將受到比特幣期貨合約價格的影響。比特幣期貨 ETF 和現貨 ETF 最大的差異是底層資產的不同，比特幣期貨

ETF 的投資資產是比特幣期貨合約，而比特幣現貨 ETF 的投資資產是實際的比特幣。所以比特幣現貨 ETF 需要基金管理公司購入等值的比特幣作為儲備來發行，這對於整個 crypto market 的資金流入和供給以及價格都會產生重大影響，這就是美國比特幣現貨 ETF 的申請與審批備受矚目的原因。

在 2024 年 1 月 11 日，美國證券交易委員會（SEC）批准了 11 個比特幣現貨 ETF 的上市和交易，其中大部分由知名資產管理公司運作。截至 2024 年 1 月 10 日，這些比特幣 ETF 和管理費用如下：

Proposed Bitcoin ETF & management fees as of Jan 10, 2024					
Name	Ticker	Issuer	Fee (after waiver)	Waiver Details	Exchange
ARK21Shares Bitcoin ETF	ARKB	ARK Invest & 21 Shares	0% (0.21%)	6 months or $1 billion	CBOE
Bitwise Bitcoin ETP Trust	BITB	Bitwise	0% (0.20%)	6 months or $1 billion	NYSE
Fidelity Wise Origin Bitcoin Trust	FBTC	Fidelity	0% (0.25%)	Until July 31, 2024	CBOE
Franklin Bitcoin ETF	EZBC	Franklin	0.29%	n/a	CBOE
Grayscale Bitcoin Trust (conversion)	GBTC	Grayscale	1.50%	n/a	NYSE
Hashdex Bitcoin ETF	DEFI	Hashdex	0.90%	n/a	NYSE
Invesco Galaxy Bitcoin ETF	BTCO	Invesco & Galaxy	0% (0.39%)	6 months or $5 billion	CBOE
iShares Bitcoin Trust	IBIT	BlackRock	0.12% (0.25%)	12 months or $5 billion	Nasdaq
Valkyrie Bitcoin Fund	BRRR	Valkyrie	0% (0.49%)	3 months	Nasdaq
VanEck Bitcoin Trust	HODL	VanEck	0.25%	n/a	CBOE
WisdomTree Bitcoin Trust	BTCW	WisdomTree	0% (0.3%)	6 months or $1 billion	CBOE

數據來源：Bloomberg

每支 ETF 的資金流入和持有的比特幣數量

Ticker	Issuer	Flow (million USD)							BTC Held
		Day 1	Day 2	Day 3	Day 4	Day 5	Day 6	Total	
FBTC	Fidelity	227.0	195.3	102.0	358.1	177.9	222.3	1282.6	30384.0
IBIT	iShares	111.7	386.0	212.7	371.4	145.5	201.5	1428.8	33706.0
BTCO	Invesco	17.4	28.4	31.9	57.6	58.8	63.4	257.5	6192.8
ARKB	ARK Invest & 21 Shares	65.3	39.8	122.3	50.3	41.8	62.6	382.1	9134.2
BITB	Bitwise	237.9	17.2	50.0	68.2	20.1	56.7	450.1	10235.3
HODL	VanEck	10.6	7.3	7.3	4.8	2.3	14.2	46.5	2566.9
BTCW	WisdomTree	1.0	0.0	0.0	1.6	0.0	2.9	5.5	182.1
BRRR	Valkyrie	0.0	19.9	15.0	15.1	1.2	0.0	51.2	1726.5
EZBC	Franklin	50.1	0.0	0.0	1.2	0.0	0.0	51.3	1169.5

數據來源：Bloomberg

從比特幣 ETF 角度預測比特幣價格

我們可以從與黃金相似的角度類比潛在的比特幣現貨 ETF 和比特幣價格之間的關係，假設貨幣乘數為 10，（1980 年 11 月至 2023 年 7 月期間美國平均存款準備率為 10.0 %，每月更新，總共 513 個結果。最高值出現在 1992 年 3 月的 12.0% ，最低值為 0.0% ，貨幣乘數我們按照公式 1 ／存款準備金率來計算， CEIC Data）也就是流入 ETF 1 美元會帶來 10 美元比特幣價格的影響。

根據 NYDIG 所做的假設，估計比特幣現貨 ETF AUM 最少的情況下和現在已有的期貨 BITO ETF 一樣，即 10 億美金，最多超過 GLD 以及 IAU 兩個黃金 ETF AUM 的總和，大約 1000 億美金，結合目前市場上流通的比特幣（BTC outstanding）數量，我們可以對比特幣的價格做出預測：

ETF Inflow ($M)	Currency Multiplier	Increase in BTC Market capitalisation ($M)	BTCMarket Liquidity (M, 10 Nov)	BTC price variation ($)	BTC Base price ($, 10 Nov)	BTC Price Projections ($)
1,000	10	10,000	19.54	511.77	36,494	37,005.77
2,000	10	20,000	19.54	1,023.54	36,494	37,517.54
3,000	10	30,000	19.54	1,535.31	36,494	38,029.31
4,000	10	40,000	19.54	2,047.08	36,494	38,541.08
5,000	10	50,000	19.54	2,558.85	36,494	39,052.85
6,000	10	60,000	19.54	3,070.62	36,494	39,564.62
7,000	10	70,000	19.54	3,582.40	36,494	40,076.40
8,000	10	80,000	19.54	4,094.17	36,494	40,588.17
9,000	10	90,000	19.54	4,605.94	36,494	41,099.94
10,000	10	100,000	19.54	5,117.71	36,494	41,611.71
16,950	10	169,500	19.54	8,674.51	36,494	45,168.51

ETF Inflow ($M)	Currency Multiplier	Increase in BTC Market capitalisation ($M)	BTCMarket Liquidity (M, 10 Nov)	BTC price variation ($)	BTC Base price ($, 10 Nov)	BTC Price Projections ($)
20,000	10	200,000	19.54	10,235.41	36,494	46,729.41
30,000	10	300,000	19.54	15,353.12	36,494	51,847.12
40,000	10	400,000	19.54	20,470.83	36,494	56,964.83
50,000	10	500,000	19.54	25,588.54	36,494	62,082.54
60,000	10	600,000	19.54	30,706.24	36,494	67,200.24
70,000	10	700,000	19.54	35,823.95	36,494	72,317.95
80,000	10	800,000	19.54	40,941.66	36,494	77,435.66
90,000	10	900,000	19.54	46,059.37	36,494	82,553.37
100,000	10	1,000,000	19.54	51,177.07	36,494	87,671.07

資料來源：Coinmarketcap ，HashKey Capital 整理

假設未來比特幣現貨 ETF 的資產淨值介於 10 億美元和 1000 億美元之間，並且所有比特幣都在市場上流通，比特幣的價格將在 37,005 美元和 87,671 美元之間。如果與 GBTC 目前的資產淨值 25.17 億美元（截至 2023 年 12 月 4 日）進行比較，流入比特幣 ETF 的資金達到相同的規模，比特幣的價格將達到約 47,000 美元。並且考慮到比特幣 ETF 流動性更好，實際上資金流入很可能會更多。

此外，我們上文也提到過，儘管比特幣的總供應量是已知的，但並非所有挖掘出來的比特幣都在流通。實際在市場上流通的比特幣數量遠低於總供應量。因此根據不同的持有率假設，用這種方法預測的比特幣價格可能會更高。

結論

本節我們使用黃金市場 ETF 與比特幣市場進行比較，衡量了資金流入對比特幣價格的影響程度。比特幣 ETF 更多的是為比特幣帶來了更多的流動性，通常當一種小市值加密貨幣在大型交易所上市時，由於新的需求因素價格會飆升。同樣的道理比特幣現貨 ETF 的批准類似於比特幣在全球最大的傳統交易所上市，這就帶來了重要的需求流入，導致比特幣的均衡價格改變。

1.9 成本法

在傳統企業中，產品的生產者可以透過計算生產成本並引入合適的利潤率來決定在給定市場上的售價，這種方法適用於大多數消費品，但不適用於世界上所有的產品。以黃金為例，如果黃金供應是恆定的，黃金價格純粹由其需求決定，因此開採黃金的成本對黃金價格幾乎沒有影響。通常情況下，對黃金的需求會推動價格上漲或下跌，進一步影響黃金礦商在開採營運中的支出，換句話說就是其開採吸引力。與黃金類似，比特幣的挖礦者數量、挖掘比特幣的成本以及哈希率也可能對比特幣的價格產生影響由於比特幣供應是固定的，比特幣價格越高，挖礦活動的盈利能力就越大，哈希率可以被視為挖礦者對比特幣未來的押注。我們在本節中主要探討比特幣挖礦活動與比特幣價格之間的相關性。

一、甚麼是比特幣挖礦？

比特幣挖礦是指透過電腦運算來創建和驗證比特幣交易的過程。挖礦是比特幣網絡的關鍵組成部分，透過挖礦，參與者可以競爭解決數學難題，並獲得比特幣作為獎勵。挖礦的目的是為了確認和驗證交易，並將其添加到區塊鏈中。

在比特幣網絡中，挖礦者透過使用專用的電腦硬體來執行複雜的數學計算，這些計算被稱為「工作量證明」。挖礦者需要解決一個難題，就是找到一個特定的哈希值，使得它滿足一定的條件，這個過程需要大量的運算能力和電力消耗。當一個挖礦者找到了符合條件的哈希值，他們就可以將該區塊添加到區塊鏈中，並獲得一定數量的比特幣作為獎勵，獎勵既包括新挖出的比特幣，也包括從交易中收取的交易手續費。

比特幣挖礦難度是指在比特幣網絡中解決工作量證明問題的難度等級。隨着時間的推移，比特幣挖礦難度會動態地進行調整，以確保新區塊的產生速度約為每 10 分鐘一個。隨着更多的礦工加入比特幣網絡，運算能力的增加會導致挖礦速度加快。為了維持每 10 分鐘一個新區塊的目標，比特幣網絡會根據過去的挖礦速度調整目標難度。如果挖礦速度過快，目標難度會增加；如果挖礦速度過慢，目標難度會降低。比特幣挖礦難度的調整是由一個特定的演算法決定的，稱為「困難度調整演算法」（Difficulty Adjustment Algorithm）。這個演算法根據過去一段時間的挖礦速度來計算新的目標難度，以維持比特幣網絡的穩定和安全性。

由於比特幣挖礦難度的不斷調整，普通個人用戶很難透過個人電腦參與挖礦。現在的比特幣挖礦主要由專業的礦工和礦池來完成，他們使用專門的硬體和大規模的運算能力來解決更複雜的挖礦難題。

下表是從 2013 年 4 月 49 日開始的比特幣挖礦難度表，截至 2023 年 11 月 6 日難度已達 62.46T，而 Hashrate（即全網算力）也已經達到 418.92Ehash/s，是 2018 年 1 月的 20 倍。

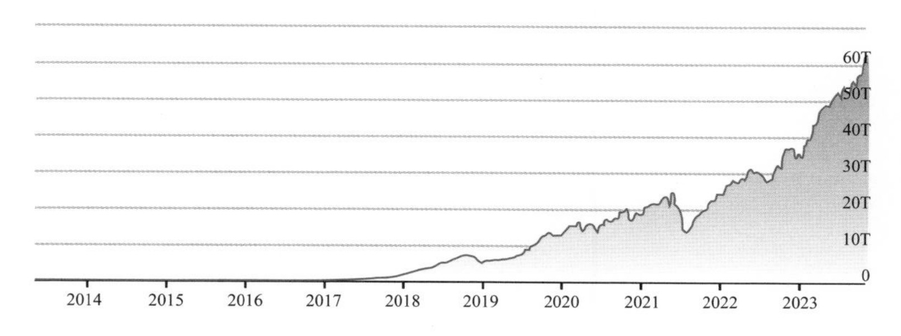

資料來源：coinwarz.com

當比特幣的市場價格高於挖礦的成本，挖礦就變得有利可圖，礦工有動力參與挖礦。反之，如果比特幣價格低於挖礦成本，礦工可能會面臨虧損，可能會減少挖礦活動或退出市場。

二、世界挖礦格局與成本分析

從世界上算力的區域分佈來看，2021 年 6 月中國禁止比特幣挖礦之前，中國佔世界最大的算力提供量，佔 50% 以上，主要是依靠四川的水力，以及依賴煤電的新疆，其他地區包括雲南和內蒙古等。而後美國成為全球佔比最大的比特幣礦區，佔 35% 左右，下圖餅圖份額也顯示了算力地區分佈變遷。根據 techopedia 數據，美國 Louisiana 洲的挖礦成本最低，一枚比特幣 14,955.14 美金，其次挖礦成本較低的洲為 Idaho、Oklahoma、Wyoming、UTAH 以及 Nevada 等，而夏威夷的挖礦成本最高，一枚比特幣成本在 $54,862.05。

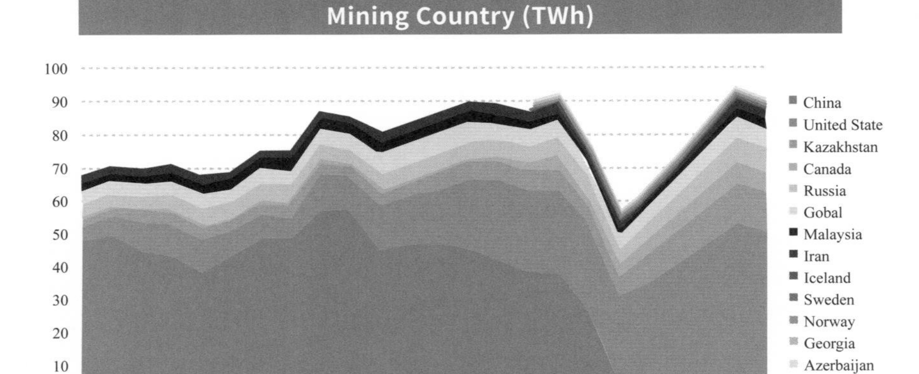

資料來源：techopedia.com

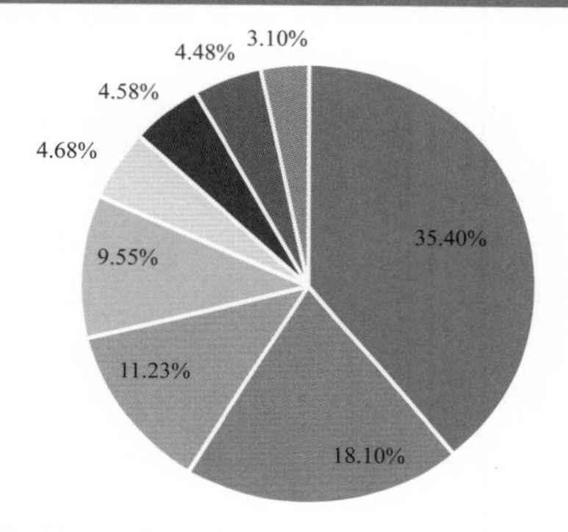

資料來源：World Population Review，HashKey Capital 整理

在公司層面，Companies market cap 總結了 BTC mining 公司市值的前 18 位，從市值的角度，最大的是美國的 Roit，收入最高的則是 Core Scientific，P/E ratio 如果是一個小的但為正的數值代表公司的獲利高於其當前估值，可能被低估，負數代表公司的虧損，其中中國的公司主要業務是礦機銷售。

	Name	Symbol	Marketcap	Revenue	PE ratio	Country
1	Riot Blockchain	RIOT	2,262,988,032	256,412,000.00	-6.51	United States
2	Marathon Digital Holdings	MARA	1,990,713,600	174,004,466.00	-2.18	United States
3	Cipher Mining	CIFR	1,028,919,552	56,156,000.00	-82.00	United States
4	CleanSpark	CLSK	708,266,368	141,917,884.00	-2.51	United States
5	Hut 8 Mining	HUT	523,193,088	67,844,173.00	2.68	Canada
6	Bitdeer Technologies Group	BTDR	424,005,344	346,022,000.00	-5.94	Singapore
7	Bitfarms	BITF	326,342,240	82,071,000.00	-1.98	Canada
8	Canaan	CAN	320,749,888	274,634,956.00	-1.51	China
9	Core Scientific	CORZQ	286,575,136	531,389,000.00	-0.33	United States
10	HIVE Blockchain Technologies	HIVE	285,810,784	82,787,252.00	-1.77	Canada

	Name	Symbol	Marketcap	Revenue	PE ratio	Country
11	TeraWulf	WULF	268,007,488	40,420,000.00	-1.53	United States
12	Iris Energy	IREN	234,145,504	46,919,802.00	15.64	Australia
13	Bit Digital	BTBT	204,867,136	38,654,136.00	-2.27	United States
14	Argo Blockchain	ARBK	64,239,004	59,660,646.00	-0.86	United Kingdom
15	BitNile	NILE	44,776,812	107,790,000.00	-0.10	United States
16	Greenidge Generation Holdings	GREE	42,551,540	75,238,000.00	-0.15	United States
17	BIT Mining (500.com)	BTCM	34,448,128	304,967,000.00	-0.21	China
18	Stronghold Digital Mining	SDIG	33,511,130	83,654,550.00	-0.16	United States

資料來源 : https://companiesmarketcap.com/bitcoin-mining/bitcoin-mining-companies-ranked-by-pe-ratio/

我們計算了其中幾家公司的 Breakeven price 的價格，分成只計入 COGS 的 Breakeven price 以及計入全部 Cost 的兩種形式，數據參考各公司 2023 年 Q2 的官方數據（2023 Q2 Financial result），除了 BTC mined 的數量之外，單位全部為美金。

	Bitfarms Q2 2023	Hut 8 Q2 2023	Marathon Q2 2023
BTC mined	1,223	905	2,926
COGS	41,519,000	10,756,500	55,222,000
Operation cost	9,155,000	9,404,250	8,546,685
Depreciation & Amortization	9,982,000	7,119,000	37,275,000
Breakeven on COGS	**33,948**	**11,886**	**18,873**
Breakeven on all cost and D&A	**49,596**	**30,143**	**34,533**
	Stronghold Q2 2023	Riot Blockchain Q2 2023	
BTC mined	626	1,775	
COGS	6,291,501	33,842,000	
Operation cost	18,881,835	19,836,000	
Depreciation & Amortization	8,634,767	66,162,000	
Breakeven on COGS	**10,050**	**19,066**	
Breakeven on all cost and D&A	**54,007**	**67,515**	

資料來源：公司官方數據，HashKey Capital 整理

$$\text{Breakeven on COGS} = \text{COGS/BTC mined}$$

$$\text{Breakeven on all cost and D\&A} = (\text{COGS} + \text{Operation cost} + \text{Depreciation \& Amortization})/\text{BTC mined}$$

其中 COGS 主要是電費，場地，機器等和比特幣挖礦活動收入產出直接相關的費用，而 Depreciation & Amortization cost 以及 Operation cost 則是整個公司層面的，所以實際 allocate 給比特幣挖礦活動的 Depreciation 和 Operation cost 會比報告上的少些，相對應的 Breakeven price on all cost 會降低一些。

以 Riot Blockchain 為例，根據官網資料，除了 Riot 自己的挖礦業務外，Riot 目前還為機構客戶提供比特幣挖礦業務託管服務，除了託管收入之外，Riot 還透過為託管客戶提供工程和建設服務產生收入，包括透過製造和部署用於比特幣挖礦的浸沒冷卻技術所獲得的收入。根據下表（2022 年 Q4 資料），自挖礦業務量在 2022 年 Q4 大概佔總的挖礦業務量的 3/5(Hosting 部分佔 2/5)，如果我們用 2022 年同樣的比例粗略低減少 Depreciation & Amortization cost 以及 Operation cost，Riot 的 Breakeven price on all cost 將會在 $48,136。

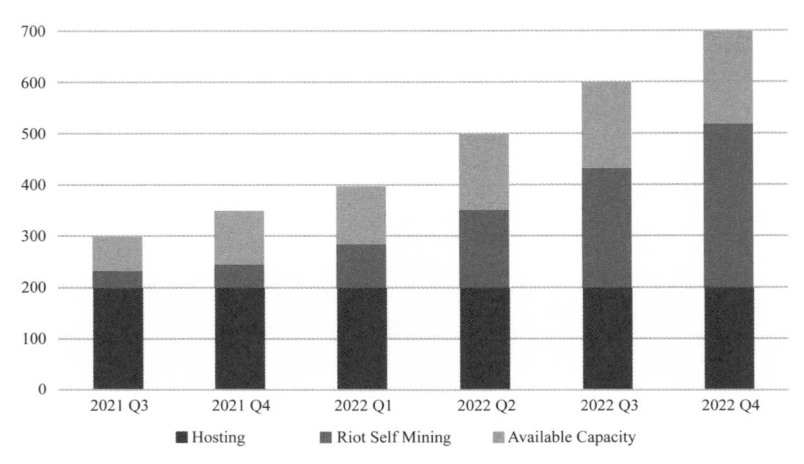

資料來源：https://www.riotplatforms.com/bitcoin-mining/whinstone-us

如果只記電費場地等成本（COGS），五家公司大部分的 Breakeven price 在兩萬美金以下，計入全部成本的話 breakeven price 會相應增加，根據公司運營成本的不同而不盡相同。

礦機

我們前文提到了當前的挖礦難度下，普通用戶很難透過個人電腦參與到挖礦過程中，比特幣礦機是專門設計用於比特幣挖礦的硬體設備，通常由特定的積體電路板，晶片，網卡，風扇等組成，其中挖礦晶片（CPU/GPU/ASIC）是核心組件，是提供算力的硬體。它們具有大量的運算能力和高效的能源利用率，以便在競爭激烈的挖礦環境中獲得更高的挖礦效率。隨着比特幣網絡的發展和技術進步，比特幣礦機也不斷演進。新一代的礦機往往具有更高的運算能力和更低的能耗，以適應日益競爭激烈的挖礦環境。其中個人電腦的 CPU 已經毫無競爭優勢，GPU 顯示卡礦機價格昂貴，ASIC 礦機是挖礦專用晶片，比起 CPU 和 GPU 更專業，也能實現大量生產。

如果從礦機的角度來看，根據 BTC.com 數據，螞蟻礦機 S19XPHydro 目前收益最高，關機幣價在 16,229.18 美金，電費支出佔 46%，主流礦山機幣價基本在 1.6 萬至 2.2 萬美元區間。

排名	礦機	幣種	功耗	算力	日產出	關機幣價	電費支出	電費佔比	日收益
1	螞蟻礦機 S19XPHydro	BTC	5304w	255T	$19.20	$16,229.18	$8.91	46%	$10.29
2	神馬礦機 M53	BTC	6554w	226T	$17.02	$22,627.57	$11.01	65%	$6.01
3	螞蟻礦機 S19Pro+Hydro	BTC	5445w	198T	$14.91	$21,464.21	$9.15	61%	$5.76
4	螞蟻礦機 S19XP	BTC	3010w	140T	$10.54	$16,787.33	$5.06	48%	$5.48
5	神馬礦機 M33S++	BTC	6820w	220T	$16.57	$24,194.74	$11.46	69%	$5.11
6	阿瓦隆礦機 A1366	BTC	3250w	130T	$9.79	$19,507.80	$5.46	56%	$4.33
7	螞蟻礦機 S19ProHydro (162T)	BTC	4780w	162T	$12.20	$23,022.88	$8.03	66%	$4.17
8	神馬礦機 M50S	BTC	3276w	126T	$9.49	$20,274.55	$5.50	58%	$3.99
9	神馬礦機 M33S+	BTC	6732w	198T	$14.91	$26,531.18	$11.31	76%	$3.60
10	神馬礦機 M50	BTC	3248w	112T	$8.43	$22,642.99	$5.46	65%	$2.97

資料來源：BTC.com

結論

總的來看，比特幣價格與挖礦成本之間存在一定的關係，但市場供需也對比特幣價格產生影響。理論上來說，比特幣幣價需要高於礦工挖礦成本，礦工才有挖礦獲利空間。然而，比特幣價格並非完全由挖礦成本決定。比特幣市場價格主要受到供需關係、投資者情緒、大型機構參與、法規政策等多種因素的綜合影響。投資者對比特幣的需求、交易量、市場流動性等因素也會對價格產生重要影響，而挖礦成本是其中之一的影響因素。

Breakeven on COGS ＝ 銷售成本／挖掘的比特幣數量

Breakeven on all cost and D&A ＝（銷售成本 + 營運成本 + 折舊與攤提）／挖掘的比特幣數量

銷售成本主要包括與比特幣挖礦活動的收入產出直接相關的成本，如電費、場地、設備等。相反，折舊攤提成本和營運成本涉及整個公司。因此，分配給比特幣挖礦活動的實際折舊和營運成本會比報告的數據稍低，從而相應降低了所有成本的損益平衡價格。

1.10　交易價值與交易費用

隨着時間的推移，比特幣網絡的效率、可用性和可擴展性不斷提高，我們認為可以透過平均交易量除以交易費用來量化這些指標。比特幣網絡上的交易數量確實受到其區塊容量（1MB）的限制，即每個比特幣區塊處理約 4000 筆交易，相當於每秒處理七筆交易，因此有人可能會認為比特幣網絡的交易量會嚴重限制，但據我們觀察，多年來比特幣網絡平均交易量一直在增加，並在 2021 年 11 月達到峰值，當時比特幣交易的平均規模為 160 萬美元。在此期間，每比特幣網絡安全地儲存了價值超過 100 億美元的資金。

從區塊鏈的角度來看，交易的美元價值或比特幣價值本身對交易費用沒有影響，影響交易費用的是交易位元的大小。我們本節將透過觀察交易價值與交易費用之間的比例來評估以下兩個方面

- 網絡的效益，交易量與交易費用的比例越高，網絡的效率就越高。
- 比較比特幣網絡的效益和目前的價格，我們在這裏會引用「價格與每美元費用的交易量」這一比率。

交易規模和網絡費用的關係

當把比特幣的平均交易價值和平均交易費用放在一起比較時，我們可以觀察到儘管在網絡需求高的時期交易費用可能會上升，但從交易的美元金額來看，交易費用實際上是在降低的。換句話說每筆交易的平均成本有時可能會更高，

但這些交易所對應的交易量也更大。也就是從這個角度來看比特幣鏈上的交易成本並沒有增加，反而在下降。

例如在 2017 年，平均交易價值為 27,609 美元，平均交易費用為 10.27 美元，如果我們將平均交易價值除以平均交易費用就可以得出每支付 1 美元的費用，即 6,583 美元。再看 2021 年，平均交易價值為 896,222 美元，而平均交易費用僅 2.90 美元，意味着每支付 1 美元的費用，網絡可以轉移 309,042 美元，這也應證了比特幣是價值轉移的最便宜方式之一。

具體公式如下：

價格與每 1 美元手續費的成交量比率 ＝
比特幣價格／（平均交易價值／平均交易費）

較低的比率可能意味着與比特幣價格相比，比特幣網絡承載着較大的交易量（即比特幣網絡的效率高），而較高的比率則意味着平均交易規模較小（即與比特幣價格相比，網絡的效率較低）。

下圖顯示了比特幣 2011-2023 年比特幣網絡每轉移 1 美金的交易費用，結果顯示在比特幣網絡上進行交易越來越便宜，網絡上轉移的價值越來越大。

Year Dec.	Average transaction value	Average transaction fee	Volume per $1 fee	BTC Price	Price to volume per $1 fee
2011	$596.00	$0.01	$19,200.00	$3.32	0.00
2012	$673.00	$0.01	$67,300.00	$11.92	0.00
2013	$9,211.00	$0.17	$54,182.35	$383.00	0.01
2014	$3,914.00	$0.06	$69,892.86	$372.00	0.01
2015	$5,084.00	$0.06	$84,733.33	$345.00	0.00
2016	$5,840.00	$0.22	$26,545.45	$702.00	0.03
2017	$67,609.00	$10.27	$6,583.15	$9,170.00	1.39
2018	$20,403.00	$0.47	$43,410.64	$5,443.00	0.13
2019	$25,850.00	$0.70	$36,928.57	$8,060.00	0.22
2020	$116,088.00	$5.78	$20,084.43	$15,622.00	0.78
2021	$896,222.00	$2.90	$309,042.07	$55,830.00	0.18
2022	$128,017.00	$1.20	$106,680.83	$18,200.00	0.17
2023	$58,186.00	$1.80	$32,325.56	$28,000.00	0.87

以下角度可以解釋上表中的數字：

- 比特幣價值的增加
- 越來越多的人採用比特幣進行大額資金轉移
- 機構的應用
- 比特幣作為價值儲存手段
- 閃電網絡應用的成長（小額交易）

不過值得注意的是，隨着比特幣網絡上出現新的用例，交易費用可能會發生變化，包括比特幣二層解決方案例如 Stacks，在這些 L2 上可以運行 DeFi 應用，進而影響比特幣的交易費用。

此外，比特幣不僅是一種非常有效率的價值轉移方式，同時也非常節能。儘管比特幣因為能源消耗而受到一些質疑，但如果將其能源消耗與其他行業（如銀行和黃金）進行比較並把所攜帶的交易量考慮在內的話，實際上與其他價值轉移方式相比，比特幣的能源效率非常高。

結論

隨着時間的推移，比特幣處理交易的能力得到了明顯的改善，這可以從日益增長的平均交易量和與交易量相比逐漸降低的交易費用證明。「價格與每 1 美元手續費的交易量比率」提供了評估網絡效率更加細緻的視角，與 2017 年的 6,583 美元相比，2021 年每支付 1 美元手續費網絡已經可以轉移 309,042 美元，增長十分顯著。我們上文也提到了有幾個因素可以促成這一增長，包括比特幣價值的上漲、大規模資金轉移的數量增加、機構的應用、比特幣作為價值存儲的用途以及閃電網絡使用量的增加。此外比特幣是一種更有效率且成本較低的價值轉移方式，比黃金和傳統金融系統中的價值轉移成本要低得多。此外考慮到其用例和交易量，比特幣的能源效率也非常高。

不過值得注意的是，以上這些數字也不代表比特幣網絡潛力的上限，相反地它們代表了比特幣網絡不斷發展的能力和可擴展性。隨着比特幣網絡的不斷成熟和其生態系統透過新技術而持續擴展，我們可以預期比特幣網絡將變得更加高效，價值和實用性將進一步加強。

第二章

公鏈／Layer 1 估值

在這一部分，我們將深入探討公鏈的多種估值方法。在本書的前一部分中，儘管我們主要以比特幣作為例子，但其中的一些方法也適用於其他公鏈。然而，我們發現本書的這一部分所使用的方法更適合於估值公鏈和智能合約鏈，投資者可以更容易地透過下面的方法找到價值。

方法	目標	使用範圍
現金流折現法	根據現金流評估加密資產價值	任何可以產生現金流的加密資產
計算以太坊價格均衡點	根據加密資產未來的供需平衡來評估其價值	任何加密資產
永續債券	根據加密資產產生的收益來估算其價值	透過質押產生實際可預測收益的加密資產
Metcalfe's Law	根據網絡效應來衡量網絡及其代幣的價值	例如 L1 或 L2 這樣的公鏈
NVT 比率	衡量加密貨幣網絡價值與其交易活動之間的關係	例如 L1 或 L2 這樣的公鏈以及一些實用型代幣
市銷率	將加密資產的價格與其收入關聯進行分析	例如 L1 或 L2 這樣的公鏈以及其他收費的協議

甚麼是公鏈？

公鏈和私有鏈相對，是一種分布式區塊鏈網絡，允許任何人都可以參與其中，沒有權限限制。公鏈是一種去中心化的網絡，其中的資料和交易資訊由全網節點共同維護和驗證。公鏈最主要的特徵是去中心化，公鏈不依賴單一實體或中央機構的控制，而是由分佈在網絡中的多個節點共同維護和驗證資料。這使得公鏈具有去中心化的特性，沒有單點故障，並且更具安全性和可信度。公鏈上的所有交易和數據都是公開透明的，任何人都可以查看和驗證區塊鏈上的交易記錄。這種透明度有助於增加信任和可靠性，並使得公鏈成為透明的價值傳輸和儲存網絡。公鏈使用共識機制來決定哪個節點有權添加新的區塊到區塊鏈上。常見的共識機制包括 Proof of Work 、Proof of Stake 和權益證明的變種等，共識機制確保了區塊鏈的安全性和一致性。去中心化應用：公鏈為開發者提供了一個平台來建立去中心化應用程式（DApps ）和智能合約。開發者可以利用公鏈的功能和智能合約來建立各種基於區塊鏈的應用，如金融服務、數字資產等。

公鏈作為重要的基礎設施，是建構良好 Web3 生態的基礎，目前公鏈劃分為 Layer 0 、 Layer 1 、 Layer 2 三層，我們下面一一來解釋：

Layer 0：Layer 0 使得區塊鏈之間可以進行互動和跨鏈溝通的基礎底層，例如 Pokladot 和 Cosmos 跨鏈生態系統，Layer 0 可被視為通訊層或傳輸層，解決區塊鏈孤鏈問題，實現資訊和資產的轉移。

Layer 1：Layer 1 定義了區塊鏈的基本規則、共識機制、資料結構等。Layer 1 是建立整個區塊鏈系統的核心部分。例如我們熟知的比特幣和以太坊是代表性的 Layer 1 協議，它們具有自己的區塊鏈網絡和相應的共識演算法。

Layer 2：Layer 2 是指建構 Layer 1 之上的協定和解決方案，主要目的是提高可擴充性和效能。Layer 2 的目標是透過在主鏈之外處理交易和數據，減輕主鏈的負擔，提高吞吐量和效能。Layer 2 解決方案基本上可以包括狀態通道，Rollup 和 Plasma ，其中 Rollup 是目前比較受歡迎的方案。這些解決方案透過將交易和計算移出主鏈，實現更高的交易吞吐量和更低的費用，並在需要時將結果提交到主鏈進行驗證。

公鏈的既有格局是怎麼樣的？

首先在談論公鏈現有格局之前，我們先來了解一下區塊鏈的不可能三角：區塊鏈不可能三角（Blockchain Trilemma ）是指在區塊鏈技術中的三個核心目標之間的不可避免的權衡關係。這三個目標是：去中心化（Decentralization ）、安全性（Security ）和可擴展性（Scalability ）。

去中心化：區塊鏈的核心概念之一是去中心化，即在沒有中心機構的情況下實現交易和資料的驗證和儲存。去中心化能夠提供更高的抗審查性、防篡改性和用戶自治性，但也會增加網絡的複雜性和運作成本。

安全性：區塊鏈需要足夠的安全性，以防止惡意行為和攻擊。安全性包括保護交易的完整性、防止雙重支付和其他詐欺行為，以及保護使用者的資產和隱私。

可擴展性：可擴展性是指區塊鏈網絡能夠處理大量交易和資料的能力。隨着區塊鏈的用戶和交易量增加，網絡需要能夠處理更多的數據和交易，而不會導致擁塞和延遲。

不可能三角的概念表明，在目前的區塊鏈技術中，很難同時實現這三個目標的最佳化。通常情況下，當一方面的目標得到加強時，其他方面的目標可能會受到限制。例如，為了實現更高的去中心化，可能需要更多的節點和廣泛的參與，這可能導致網絡的可擴展性下降。或者在追求更高的可擴展性和吞吐量時，可能會降低去中心化的程度。區塊鏈技術的發展一直在努力平衡這三個目標，並提出了一些解決方案，如分層設計、共識演算法的改進等等。儘管以太坊透過合併，以解決「不可能三角」困境，而到目前並沒有一條公鏈能完美平衡這三個面向。

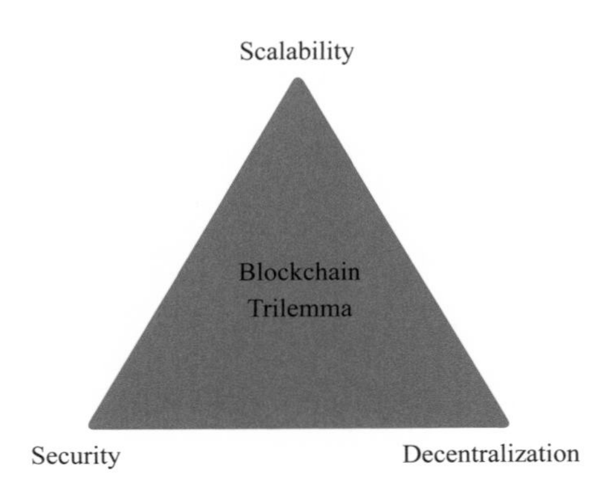

在 2022 年之前，以太坊在公鏈生態中佔據絕對地位，圍繞着 EVM 相容鏈也發展出了一個龐大的生態系統，例如 Avalance、Tron、BSC 以及 Layer 2 方案，如 Arbitrum 和 Optimism。開發者可以將他們在以太坊上開發和測試的智能合約遷移到其他 EVM 相容鏈上，從而獲得更高的效能、低成本或其他特定的功能和優勢。這種遷移的過程通常是相對簡單的，因為程式碼和智能合約的兼容性保證了在不同鏈上的一致性執行。其他非 EVM 鏈包括 Solana、Bitcoin、Cardano 等等，不支持以太坊虛擬機並使用不同的虛擬機標準，但也有些優越的設計。

根據 DeFiLlama 數據，2021 年 1 月以太坊 TVL 佔 95% 以上，2022 年 1 月來到 55.5%，2022 年 1 月到目前一直都是維持在 55% 上下，除了上一個牛熊周期中的項目例如 Solana 和 Avalance 等，也有一些像 Sui 這樣的新興公鏈。如今公鏈的想法不再是超越以太坊，而是在其他方面創造獨特性，例如模組化區塊鏈例如 Celestia，Move 系鏈例如 Sui，app 鏈（遊戲，DeFi，隱私專用鏈）等等。

以太坊和 L1 估值

以太坊以及其他支持智能合約區塊鏈的代幣具有一些統一的特徵，使得我們可以根據一定的指標對其進行評估，例如交易量、手續費和現金流。在使用現金流量折現（DCF）方法時，需要注意的是，我們需要對現金流量進行可比較性的比較。正如我們之前所提到的，不同的鏈以不同的方式解決了區塊鏈不可能三角。因此，將我們後文提到的以太坊與 Solana 進行比較是不公平的，因為後者的手續費遠低於以太坊，所以這只是評估目標鏈價值的其中一個角度。

2.1　現金流折現法（DCF）

在本節中，我們將使用 DCF 模型來評估加密資產價值。大多數 Layer 1 和 Layer 2 鏈都有一種手續費的機制，用於獎勵節點運營者（我們可以稱之為礦工、驗證者或簡單地稱為節點）。手續費在很多方面都很重要，其中一個主要原因是安全性。區塊鏈本質上是去中心化和高度冗餘的。這意味着大量節點（例如以太坊近 100 萬個節點）必須同步，及時更新網絡上的所有交易，並正確驗證所有交易。手續費在防止惡意行為者透過發送無用交易來對網絡進行垃圾郵件攻擊方面起着重要作用，手續費也用於獎勵這些網絡參與者。如果沒有手續費，攻擊者就可以輕易地對網絡進行 DoS 攻擊，只需添加數百萬個無用交易來堵塞網絡，從而使合法交易無法獲得服務。因此，手續費可以被視為永久記錄區塊鏈上交易的代價。這些交易可以是簡單的代幣轉帳、資產轉移、訊息記錄、NFT 的所有權、DAO 的治理投票或智能合約互動等。

手續費可以作為分布式網絡的現金流。儘管這種現金流可能與我們在傳統金融／會計中的現金流有所不同，但它仍代表了協議收取給用戶的手續費產生的「收入」。在使用 DCF 網絡評估區塊鏈網絡的價值時需要注意一個問題，不同的鏈提供不同的吞吐量，導致手續費在不同鏈上有很大的差異。例如，在以太坊上的一筆交易可能需要 2 美元，而在 Solana 上的一筆交易可能只需 0.02 美元。Solana 的現金流量當然更低，但同時它具有更高的吞吐量，可以使某些更重視速度而非安全性的交易或用戶受益。因此，很難將這兩個鏈的 DCF 模型進行比較，因為它們的工作方式根本不同，並且為使用者提供重點不同的服務。DCF 只能用於將目標鏈與其歷史資料進行比較，通常不能用於將不同鏈之間進行比較。

DCF 還可以用於評估其他產生手續費的項目，如 DeFi 協議、遊戲項目、基礎設施項目等等等。

DCF 價值 ＝ N 年預計網絡收入／（1 ＋ 折現率）^ N 的總和

ETH 價值 ＝ DCF 價值／當前 ETH 供應量

DCF 模型還可以考慮基本費用加小費以及把 MEV 視為收入的一部分。在未來，現金流量也可以考慮其作為底層服務的安全性所帶來的價值，即：

收入＝ 基本費用＋礦工小費 ＋ MEV ＋
作為底層服務的安全性的價值

在本節中我們只考慮最基本的手續費收入。

DCF —— 將以太幣視為傳統科技股

以太坊可以被視為科技股的一種形式，整個加密貨幣很長一段時間都被認為是和美股相關的風險資產之一。以太坊作為一個開放的、去中心化的區塊鏈平台，它的核心價值和成長潛力與其所支持的技術和應用息息相關。首先，以太坊不僅僅是一種數字貨幣，它是一個支持智能合約和Dapps的全球開源平台，智能合約使以太坊區分於其他許多區塊鏈，包括比特幣。智能合約可以自動執行交易，無需第三方（如法律或金融機構）的參與，這項創新技術引領了DeFi的崛起，並在多個行業中找到了應用。其次，以太坊也是許多新興的區塊鏈項目和加密資產的基礎，包括大量的ERC-20代幣和諸如NFT之類的新興資產，這意味着當這些項目和資產成功時，以太坊也可能受益。綜上所述，ETH的價值和潛在成長與其底層的技術創新和它所支持的應用密切相關。這使得它在某種程度上與科技股類似，因為科技股的價值也通常依賴其技術的創新和應用的廣泛性。然而ETH作為加密資產，它的價格波動性可能遠超大多數傳統的科技股。這裏我們使用折現現金流量（Discounted Cash Flow，簡稱DCF）模型來對ETH進行估值，DCF模型是基於未來的現金流量預期來估算股票當前的價值，相較於只關注市場價格的技術分析，DCF更能反映公司或資產的真實價值和長期投資價值。

確定折現率（r）和增長率（g）

以下是DCF模型的公式：

$$DCF = \sum (CF\_t/(1 + r)\text{^}t)$$

其中：

CF t = 第 t 年的現金流量；

r = 折現率

CF t = (1 + g) t - 1 CF t - 1

g = 增長率

在使用 DCF 模型進行估值時，永續增長率（Terminal growth rate）通常被設定為小於折現率（Discount rate），原因在於數學和經濟兩個方面。

數學原因：在 DCF 中，公司的終值（Terminal value ）是透過將預期的永久年度現金流以固定的增长率永续增长方式计算的。如果增長率大於或等於折現率，這將導致終值變得無限大，這在數學上不可能，在邏輯上也無法接受。

經濟原因：折現率通常代表了投資人的期望回報率，或者說是投資的機會成本，它反映了投資人承擔的風險以及放棄其他投資機會的成本。而增長率是預期的未來現金流成長速度。通常情況下，投資的風險越高，投資人的期望報酬率就越高。另一方面，公司或投資的未來成長速度通常會隨着時間的推移而減慢，因為隨着市場的飽和和競爭的增加，高速成長往往難以維持。因此，從經濟角度來看，折現率通常會高於永續增長率。

總的來說，為了使 DCF 模型在數學和經濟上都有意義，增長率通常被設定為小於折現率，因此我們先進行折現率 r 的計算，以便了解現金流增長率 g 的上限，從而更高的確定現金流增長率。

折現率 r

我們使用經常被用來量化股票投資風險收益的理論模型 CAPM（資本資產定價模型）來計算以太坊的預期收益，也就是 r，先簡單回顧一下 CAPM, CAPM 是一個單一因子模型，只需要考慮市場的系統性風險，也就是被稱為 Beta（β）的係數。Beta 是衡量個別股票相對於整個市場的風險敏感度的指標，這種簡潔性使得 CAPM 變得易於理解和應用。根據 CAPM，一個股票的預期收益是等於無風險利率加上 Beta 乘以市場風險溢酬。這個關係表明，如果一個股票的 Beta 高（也就是風險高），那麼投資人就應該期待更高的報酬來補償這種風險。CAPM 為投資決策提供了一個理論架構。例如，投資人可以使用 CAPM 來計算股票的合理預期收益，然後將這個收益與實際的市場價格進行比較，以判斷股票是否被高估或低估。

然而，我們也需要注意，CAPM 是一個理論模型，其假設（如所有投資者都是理性的，沒有交易成本等）在現實中不可能完全成立，因此也有一定的限制。

CAPM 模型的公式如下：

$$ERi = Rf + \beta\ (ERm - Rf)$$

其中：

E(R_i) 是資產 i 的預期報酬率。

R_f 是無風險報酬率。

β_i 是資產 i 的貝塔係數，表示該資產與市場的關聯程度。

E(R_m) 是市場的預期報酬率。

因為我們這裏將以太坊類比為科技股，參數我們依照以下標準決定：

- R_f 無風險收益率我們選擇和大多股票分析相同的美國十年期國債收益率，根據 Ycharts 數據，截止到 2023 年 9 月 27 日，美國十年期國債利率為 4.61%。
- E(R_m) 市場的預期收益率我們選擇 S&P 500 的五十年平均收益率，我們採用 macrotrend 提供的 S&P 500 annual return，得出從 1973 年至到 2022 年，平均收益率為 8.69%。

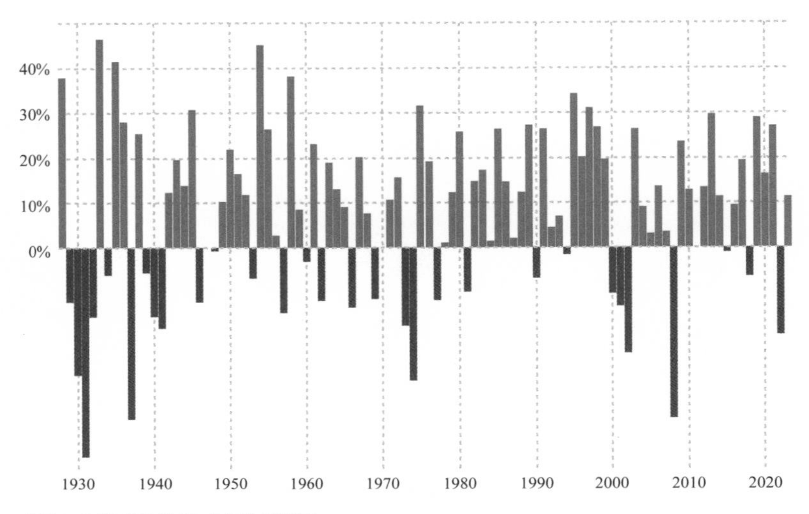

圖表：S&P 500 的 50 年平均報酬率。
資料來源：macrotrends

Beta 我們利用 trading view 提供的三百週 rolling windows 資料（即基於 2023 年 9 月 28 日這一時間點 Beta 的值是基於過去 300 個交易周期資料計算的），Beta 的值為 **1.6**（ETH Price 相對於 S&P 500）。

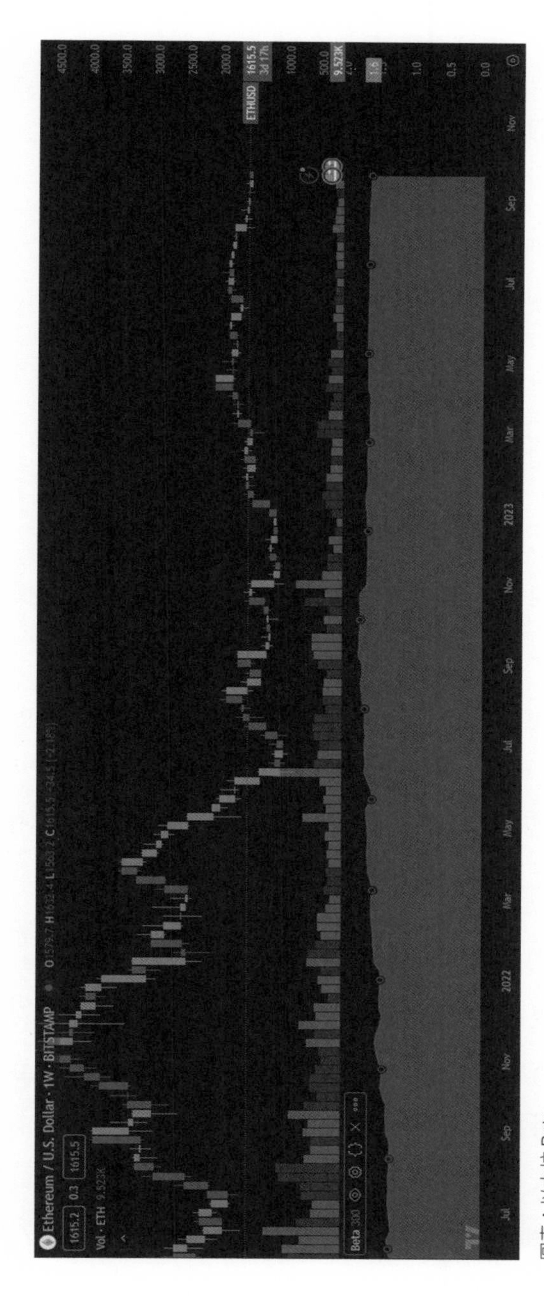

圖表：以太坊 Beta
資料來源：Trading View

有了以上數據，我們基於公式

$$ER_i = R_f + \beta (ER_m - R_f)$$

得到

$$ER_{eth} = 4.61\% + 1.6* (8.69\% - 4.61\%) = 11.14\%$$

以太坊的預期收益率為 11.14%。

根據上文的描述，永續增長率 g 通常被認為小於折現率 r，所以我們確定以太坊的交易手續費的永續增長率小於 11.14%。

增長率 g

關於以太坊未來收入的成長，我們認為重要的兩部分動力是以太坊 2.0 和 Layer 2 的進展。

為了對以太坊的未來增長率進行大致的定位，我們一下會概述以太坊路線圖的一些階段及對其應用性的影響。作為以太坊路線圖的一部分，有許多階段和升級旨在提高以太坊的可擴展性、去中心化和安全性。在編寫本書時，以太坊每天可以處理超過 100 萬筆交易，但最終目標是每天處理超過 10 億筆交易。為實現這種可擴展性，以太坊進行了幾次升級，包括 Olympic、Frontier、Homestead、Constantinople、Istambul、信標鏈、倫敦升級等等。以太坊最終目標是更高的可擴展性和更低的交易成本。未來，以太坊的分片技術將網絡劃分為多個小分片，每個分片能夠獨立處理交易和智能合約。這將極大地增強以太坊的處理能力，使其能夠支持更多用戶和更複雜的應用程式。透過提高網絡的可擴展性，以太坊將減少交易成本，使其對用戶和開發者更具吸引力。

除了以太坊本身的進展外，Layer 2 解決方案的應用可以大大增加以太坊的處理能力，降低交易費用，提高交易速度，使得以太坊更加適合構建複雜的 dApps。因為 Layer 2 解決方案透過在鏈下進行大部分計算和存儲，然後將結果提交到以太坊主鏈，從而解決了以太坊主鏈的可擴展性問題，主要 Layer 2 的解決方案包括狀態通道，側鏈，Plasma, Rollups 等。Layer 2 上的交易量的增加並不會直接增加以太坊主鏈的交易量，也不會直接導致 Gas 費用的增加。然而，Layer 2 解決方案與以太坊主鏈的交互作用可能會增加主鏈的交易量，進而影響 Gas 費。

事實上，根據 Vitalik 的 blog，我們可以推斷在未來，大多數用例和交易將由 L2 處理，以太坊鏈主要用作 L2 鏈的結算和安全層。

例如 Arbitrum 是一種 Optimistic Rollup 解決方案，提供了以太坊的 Layer 2 擴充。它在以太坊主鏈（Layer 1）之上運行，處理大部分交易，並定期將交易結果（也稱為「狀態更新」或「回滾點」）提交給主鏈。以下是 Arbitrum 與以太坊主鏈互動的主要方式：

存入（Deposit）：當用戶想將他們的 ETH 或 ERC-20 代幣從以太坊主鏈移動到 Arbitrum Rollup 時，他們需要在主鏈上執行一個交易。這個交易通常涉及向智能合約發送交易，告訴它用戶想將多少資產移至 Arbitrum Rollup。這個過程會消耗 Gas，因此需要支付 Gas 費。一旦交易被確認，用戶的資產就會在 Arbitrum Rollup 上可用。

取出（Withdrawal）：當使用者想將他們的資產從 Arbitrum Rollup 移回以太坊主鏈時，他們需要在 Arbitrum 上開始一個提款過程。這個過程首先在 Arbitrum 上產生一條提款記錄，然後這條記錄會被提交到以太坊主鏈。一旦提款記錄被主鏈確認，用戶就可以在主鏈上執行一個交易來實際接收他們的資產。這個過程也會消耗 Gas，因此需要支付 Gas 費。

狀態更新：Arbitrum Rollup 定期將其狀態（或稱為回滾點）提交到以太坊主鏈。這是透過在主鏈上執行一個特殊的交易來完成的。提交狀態的過程需要消耗 Gas，因此需要支付 Gas 費。

目前 Layer 2 上的總鎖倉量達到 10.7B USD，預計未來還會實現更多成長，帶來以太坊 gas 費的收入。目前 Layer 2 按照 TVL 排序，前五名的項目為 Arbitrum, OP, zkSync, Base 以及 dydx，其中前兩名 Arbitrum 以及 OP 佔了 Layer2 整個接近 80% 的份額。

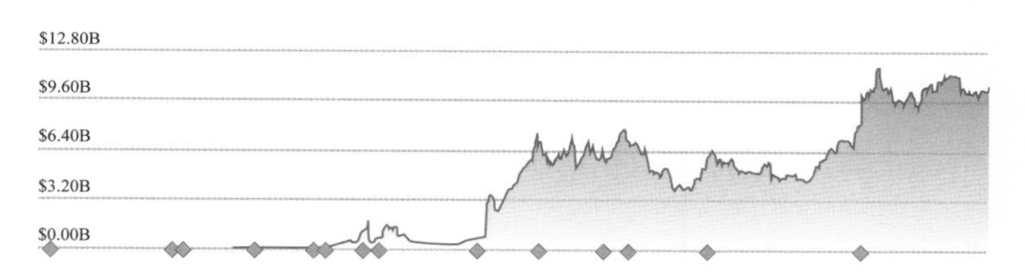

資料來源：L2Beat

#	NAME	RISKS	TECHNOLOGY	STAGE	PURPOSE	TOTAL	MKT SHARE
1	Arbitrum One		Optimistic Rollup	STAGE 1	Universal	$6.02B ▲ 6.36%	55.66%
2	OP Mainnet		Optimistic Rollup	STAGE 0	Universal	$2.70B ▲ 3.38%	25.02%
3	zkSync Era		ZK Rollup	STAGE 0	Universal	$465M ▲ 10.55%	4.29%
4	Base		Optimistic Rollup	STAGE 0	Universal	$462M ▼ 14.27%	4.27%
5	dYdX		ZK Rollup	STAGE 1	Exchange	$342M ▲ 0.93%	3.16%
6	Starknet		ZK Rollup	STAGE 0	Universal	$146M ▲ 8.92%	1.35%
7	Immutable X		Validium	n/a	NFT, Exchange	$96.80M ▼ 5.33%	0.89%
8	Mantle		Optimium	n/a	Universal	$90.70M ▲ 3.70%	0.84%
9	Loopring		ZK Rollup	STAGE 0	Tokens, NFTs, AMM	$88.85M ▲ 5.69%	0.82%
10	zkSync Lite		ZK Rollup	STAGE 1	Payments, Tokens	$71.10M ▼ 1.12%	0.66%

在以太坊分片解決方案推出之後，Layer 2 解決方案仍然有很大的空間和機會。Layer 2 解決方案可基於以太坊分片進一步增強處理能力，並透過在鏈下處理交易來進一步降低交易成本。此外，不同的 Layer 2 解決方案具有不同的特性。例如，zkRollups 提供了高度的資料可用性和隱私性，而狀態通道適用於需要高頻率、低延遲交易的應用程式。多樣性的存在意味着 Layer 2 解決方案可以滿足不同的市場需求。

利用 DCF 估值

根據上文的結論，永續增長率 g 小於折現率 11. 14%，我們參考 Fidelity Digital Assets Research 提出的假設增長率，2024-2025，前兩年的增長率 25%，2026 -2027 年的增長率為 20%，假設 2028-2030 年的增長率為 10%，2030 年後永續增長率為 5%，我們可以計算出以太坊如下交易費用現金流以及估值，以此方法得到的 PV 可被看作是以太坊的當年的估算市值，除以以太坊的供應量則可以得出以太坊的價格。

對於以太坊的供應量，以太坊 2.0 後將會將以太坊從目前的工作量證明 PoW 機制轉變為權益證明 PoS 機制。在 PoS 機制中，新的區塊不再由挖礦者透過解決複雜數學問題來創建，而是由所謂的驗證者（Validators）來創建。這些驗證者是根據他們在系統中的持有的 ETH 數量以及其他因素來選出的。驗證者需要質押一定數量的 ETH（在以太坊 2.0 中，需要質押 32 個 ETH）作為參與驗證的進入門檻。然後他們會被隨機選擇來創建新的區塊，並為此獲得獎勵，礦工能獲取的以太坊收益將與其質押的 ETH 佔全網 ETH 質押的比例相關。PoS 機制下以太坊的新供應將主要透過區塊獎勵產生，也就是驗證者將會為他們創建的每個新區塊獲得一定的 ETH 作為獎勵。

此外，EIP-1559 的實施也對 ETH 的供應產生了影響，這個提案於 2021 年被整合在了倫敦硬分叉（London hard fork）中，提案引入了一種新的交易費用結構，其中一部分的交易費用（基礎費用）將被銷毀，這減少了新 ETH 的產生量。

在 EIP-1559 實施之前，以太坊的交易費用是透過拍賣機制確定的，用戶出價，出價最高的交易優先打包進區塊。這導致了交易費用的不確定性，用戶往往需要預測當前的網絡擁塞程度和相應的 Gas 費，這對一般用戶來說是比較困難的。EIP-1559 提出了一個新的費用結構，每個區塊都有一個固定的基礎費用（Base Fee），這個費用會根據網絡的擁塞程度自動上下浮動。用戶還可以選擇支付一個「小費」(Tip)給礦工，以優先處理他們的交易。這種新的結構使得交易費用更加可預測，用戶只需要看當前的基礎費用就可以知道他們需要支付多少 Gas 費。EIP-1559 也引入了一種新的機制，即每個區塊的基礎費用都會被銷毀，而不是支付給礦工。這意味着每次交易都會減少 ETH 的總供應量，並有望使 ETH 成為一種通貨緊縮的資產。這個特性也是 EIP-1559 備受關注的一個重要原因，EIP-1559 對以太坊費用結構的改變如下圖所示：

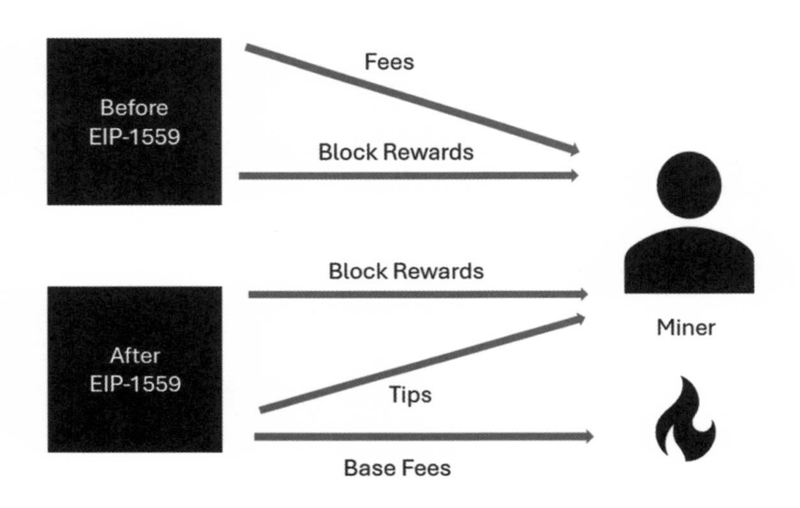

根據 Etherscan 數據，以太坊 2023 年 8 月 30 日總供應量為 120,215,370.32 個，相比一年前的供應量只波動

了 1% 不到，在我們的估值中假設以太坊供應量保持在 120,000,000 個不變。

再結合以太坊交易費從 2015 年至 2023 年 8 月 30 號數據，其增長率變化幅度較大，受整個市場周期影響也較明顯，我們參考 Fidelity Digital Assets Research，只集中在自 EIP1559 實施後，也就是 2021 年月 5 日後的交易數據，取平均值，再得出 2023 年的年化交易費，得到 2023 年的年交易費用總額為 5,769,809,906 美金，以此為 2023 年第一期現金流，再疊加增長率。

Year	Total transaction fee (USD)	Growth rate
2015	686	
2016	159,273	23122%
2017	46,432,330	29053%
2018	160,210,604	245%
2019	34,716,862	-78%
2020	596,033,171	1617%
2021	9,914,346,459	1563%
2022	4,298,478,324	-57%
2023 (by 30 Aug 2023)	1,671,564,844	
Annualized 2023	5,769,809,906	34%

資料來源：Etherscan，HashKey Capital 整理

由此我們可以得到 ETH 在 2023 年後的每一年的市值和價格如下表：

Year	Growth rate	Transaction Fee (Estimated)	Present Value	ETH Price (USD)
2023	-	5,769,809,906	181,777,900,085	1,514.82
2024	25%	7,212,262,383	188,377,687,690	1,569.81
2025	25%	9,015,327,978	210,909,043,580	1,757.58
2026	20%	10,818,393,574	225,388,983,057	1,878.24
2027	20%	12,982,072,289	239,678,922,195	1,997.32
2028	10%	14,280,279,518	253,397,081,839	2,111.64
2029	10%	15,708,307,470	267,345,237,238	2,227.88
2030	10%	17,279,138,217	281,419,189,196	2,345.16
After 2030	5%	295,490,148,656	295,490,148,656	2,462.42

如上表所示，2030 年後以太幣價格將在 2,462 美元。

在折現率維持在 11.14% 的情況下，針對永續增長率微小的變化，得到的價格也有較大差異：

Terminal Growth Rate	10%	8%	6%
Transaction Fee (Estimated) after 2030	1,515,713,878,654	550,291,026,008	336,170,004,215
ETH Supply	120,000,000	120,000,000	120,000,000
ETH Price after 2030 (USD)	12,630.95	4,585.76	2,801.42
Terminal Growth Rate	4%	2%	
Transaction Fee (Estimated) after 2030	242,004,736,928	189,049,652,261	
ETH Supply	120,000,000	120,000,000	
ETH Price after 2030 (USD)	2,016.71	1,575.41	

如上表所示，終端增長率的不同假設會產生顯著影響以太幣價格。終端增長率為 10% 時的價格幾乎是終端增長率為 2% 時的價格的 10 倍。

局限性

值得注意的是使用現金流預測也有一些局限性，最大的局限性就是預測的不確定性，其中增長率從的假設和折現率的選擇都往往是主觀的，ETH 的未來的擴容，不斷的升級，包括抗 MEV 的探索都會對其交易費用造成影響，進而影響其增長率。折現率方面我們將以太坊看作是科技股的一種，是一種主觀的假設，其他 CAPM 本身的限制我們上文也有提及。再者，DCF 估值主要關注的是以太坊內在的價值，忽略了市場可能反映的信息，例如 crypto 行業趨勢，宏觀經濟環境，這都是非常容易 ETH 的交易和價格的因素，DCF 分析可能無法完全捕捉市場狀況。

將 DCF 模型應用於 Solana

根據 Solana beach 數據，Solana 目前的 TPS 在 5273，處理的總交易接近 2400 億，總質押超過四億（lock 的代幣也可以質押）。

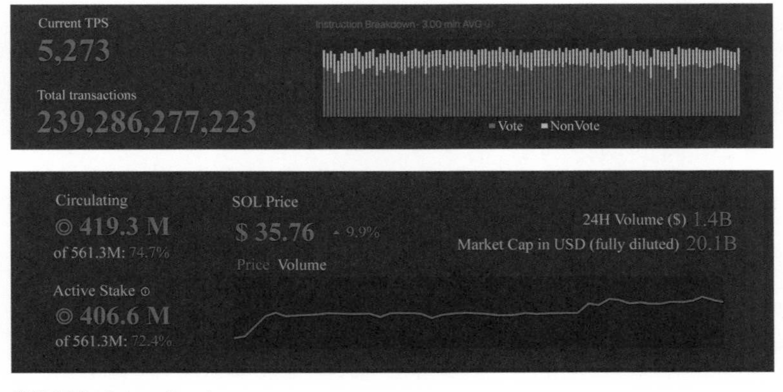

資料來源：Solana Beach

生態方面，根據 DeFiLlama 數據，Solana TVL 佔據 0.97%，非 EVM 鏈中 TVL 最高，佔 17.59%，生態項目達到數百個，包含 DeFi、NFT、遊戲、錢包等等領域，細分又涵蓋借貸，Dex，衍生品，合成資產，選擇權，穩定幣等等。

Name	Category	TVL	1d Change	7d Change	1m Change
1 Marinade Finance 1 chain		$313.23m	+2.99%	+20.83%	+132%
2 Jito 1 chain	Liquid Staking	$184.08m	+8.03%	+99.47%	+216%
3 Solend 1 chain	Lending	$74.19m	+3.33%	+11.02%	+41.93%
4 Lido 5 chains	Liquid Staking	$72.32m	+2.67%	+13.51%	+18.64%
5 marginfi 1 chain		$52.92m	+2.49%	+30.64%	+121%
6 Orca 1 chain	Dexes	$52.28m	-3.89%	+4.31%	+20.44%
7 Raydium 1 chain	Dexes	$35.28m	+0.12%	+5.85%	+7.13%
8 SPL Governance 1 chain	Services	$32.42m	+0.03%	-0.47%	+0.29%
9 Drift 1 chain	Derivatives	$23.83m	-1.83%	+8.09%	+22.46%
10 JPool 1 chain	Liquid Staking	$23.07m	+3.34%	+71.57%	+118%

資料來源：DeFiLlama

應用於 Solana 的 DCF 模型

我們沿用前文以太坊的思路，把 Solana 看作是類比科技股的資產，無風險收益率我們仍然選擇美國十年期國債收益率 4.61%。E(R_m) 市場的預期收益率我們沿用之前的 S&P 500 的五十年平均收益率 8.69%。根據公式 β = Cov(Ra, Rm)/Var(Rm)，計算 S&P500 和 Solana 的關係，得到 β 值為 0.5。

我們得到 ER sol = 4.61% + 0.5* (8.69% - 4.61%) = 6.65%

永續增長率小於 6.65%，我們定為 5%，前幾個階段的增長率我們按照和 ETH 相同的估計，至於 Supply 的部分，Solana 的最大 Supply 是 560.21M 個，其 Supply 的釋放機制中，initial inflation rate 是 8%，之後每年減少 15%，由此之後長期的 inflation rate 就是 1.5%。

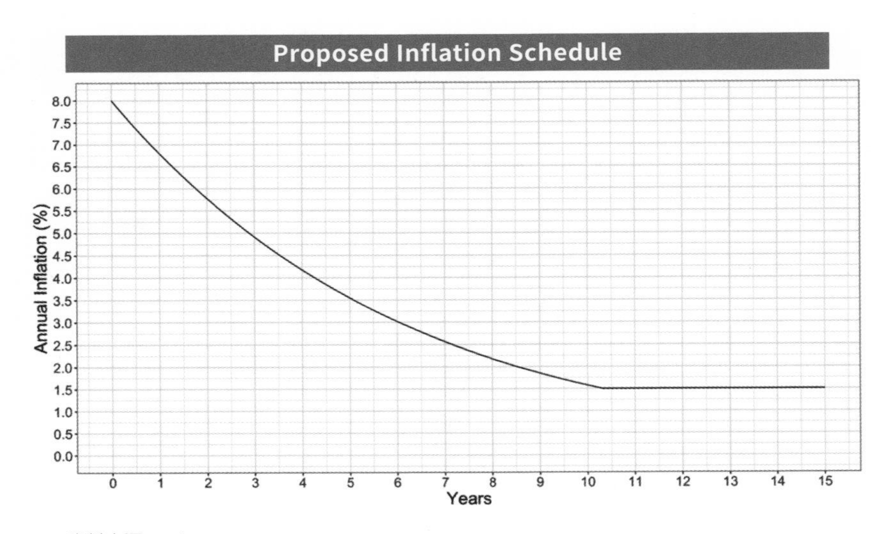

資料來源：solana.com

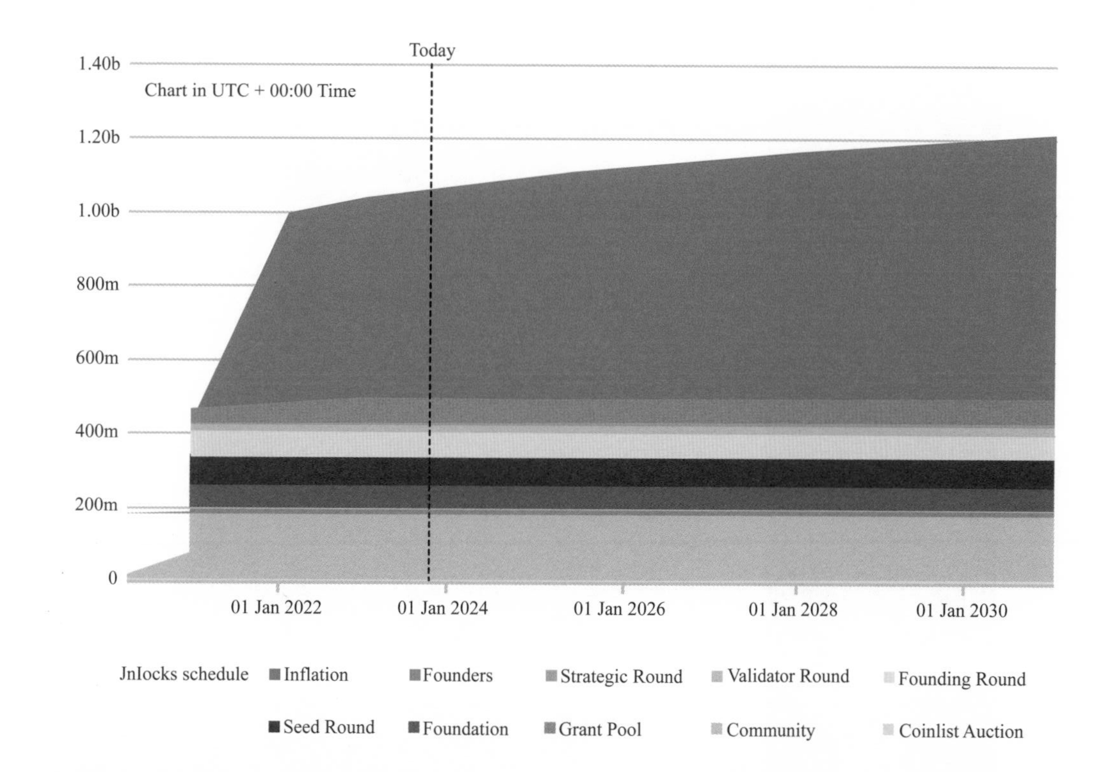

資料來源：https://token.unlocks.app/solana

關於 Solana 的現金流，我們採用 token terminal 的數據，得出 2023 年年化交易手續費收入約為 1488 萬美金。

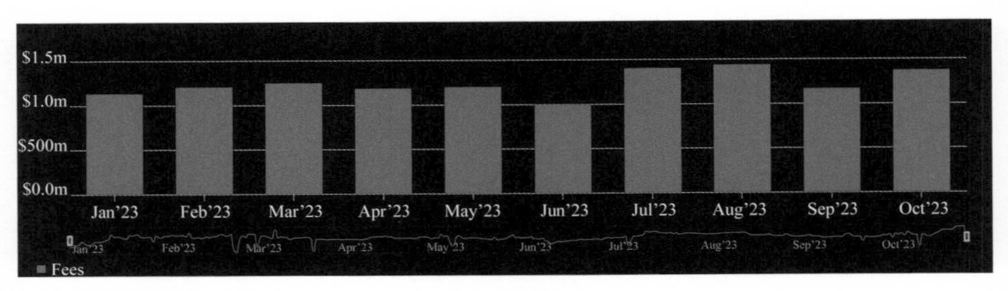

資料來源 : token terminal

由此我們得到 Solana 未來的 cash flow 和價格估計：

Year	Growth rate	Transaction Fee (Estimated)	PV
2023	-	14,886,557	1,867,857,051
2024	25%	18,608,197	1,954,173,180
2025	25%	23,260,246	2,090,057,459
2026	20%	27,912,295	2,205,786,034
2027	20%	33,494,754	2,324,558,510
2028	10%	36,844,230	2,445,646,897
2029	10%	40,528,653	2,571,438,186
2030	10%	44,581,518	2,701,910,172
After 2030	5%	2,837,005,681	2,837,005,681

Year	Circulating Supply	SOL Price (USD)	
2023	1,069,736,988	1.74608999	
2024	1,098,919,989	1.77826703	
2025	1,124,064,775	1.85937457	
2026	1,146,812,764	1.92340555	
2027	1,166,398,424	1.99293694	
2028	1,188,593,832	2.05759683	
2029	1,199,234,698	2.14423264	
2030	1,212,240,518	2.22885651	
After 2030			

可以看出，不像以太坊，正如前文提到，Solana 的手續費極低，所以現金流和價格的預測都比較低，DCF 模型對於 Solana 的估值僅有參考意義。

將以太坊與加密貨幣市場比較

在先前的討論中，我們介紹了透過將以太坊作為科技股來估計其現金流的方法。現在我們將以太坊與整個加密貨幣市場進行比較。也就是說現金流預測中無風險利率和預期市場報酬的選擇可能會改變。因此以太坊的預期回報也會出現顯著變化。

再次根據 CAPM 的公式我們確認下面的參數：

$$ER\ i = R\ f + \beta\ (ER\ m - R\ f)$$

- R_f 無風險收益率我們選擇市值 Top 5 代幣的五年收益率（不包括 stablecoin），根據 S&P 推出的 Cryptocurrency Top 5 Equal Weight Index，五年收益率為 4.37%。
- E(R_m) 市場的預期收益率我們選擇 S&P 推出的 S&P Cryptocurrency Broad Digital Market Ex-MegaCap Index，三年收益率為 5.09%，S&P 給出的關於該指數的解釋是市值滿足 80M 美元以上，必須有三個月以上的 trading 時間（在數據供應商 Lukka 追蹤的 exchange 中），以及必須滿足三個月日交易量中位數在 100,000 美金，流動性和市值都需要滿足要求。這些代幣中再除去比特幣和以太坊這兩個市值最大的代幣，一些其他的要求包括必須有白皮書和不能 stablecoin 或其他 pegged asset。因為除了比特幣和以太幣之外大部分代幣的誕生時間都不長，所以我們選用三年的收益率數據作為參考。
- 再計算 β，根據公式 β = Cov(Ra, Rm)/Var(Rm)，計算 S&P Ethereum Index 和 Cryptocurrency Broad Digital Market Ex-MegaCap Index 的關係，得出 β 值為 0.11。

在這個方法下，得到 ETH 的折現率 r 為 4.45%。

$$ER\ eth = 4.37\% + 0.11 * (5.09\% - 4.37\%) = 4.45\%$$

S&P 加密貨幣廣泛數字市場指數（去除超大市值）

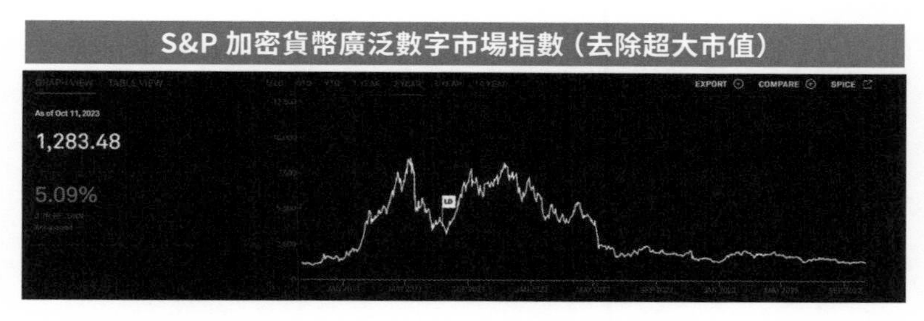

資料來源：spglobal.com

假設 2030 年以及之前的幾個階段的增長率的假設和之前維持一致，永續增長率需低於折現率 4.45%，我們假設其為 4%，我們可以得到 ETH 在 2023 年之後的每一年的市值和價格如下表：

Year	Growth rate	Transaction Fee (Estimated)	PV	ETH Price (USD))
2023	-	5,769,809,906	2,785,891,935,288	23,215.77
2024	25%	7,212,262,383	2,894,600,574,090	24,121.67
2025	25%	9,015,327,978	3,026,114,251,204	25,217.62
2026	20%	10,818,393,574	3,151,761,007,404	26,264.68
2027	20%	12,982,072,289	3,281,195,978,659	27,343.30
2028	10%	14,280,279,518	3,414,227,127,421	28,451.89
2029	10%	15,708,307,470	3,551,879,955,073	29,599.00
2030	10%	17,279,138,217	3,694,230,305,604	30,785.25
After 2030	4%	3,841,344,415,987	3,841,344,415,987	32,011.20

在折現率維持在 4.45% 的情況下，針對永續增長率微小的變化，得到的價格也有差異：

Terminal Growth Rate	3%	2%	1%
Transaction Fee (Estimated) after 2030	1,227,414,645,735	719,376,366,571	505,853,031,850
ETH Supply	120,000,000	120,000,000	120,000,000
ETH Price after 2030	10,228.46	5,994.80	4,215.44

與我們之前提到的類似，終端增長率的假設對以太坊價格的預測有重要影響。終端增長率為 3% 對應的價格比終端增長率為 1% 對應的價格高出一倍以上。

2.2　以太坊價格均衡

與其他市場／資產一樣，兩個主要因素影響以太坊的價格：供應和需求。然而，與其他資產不同，以太坊的供應和需求呈現負相關關係，並具有遞歸效應。以太坊的這種遞歸效應表明，需求越高，供應越低（事實上，需求越高，通縮率越高）。換句話說，這意味着與大多數資產不同，以太坊價格越高，供應數量就越低。

為了更清楚地說明以太坊供應量的變化，讓我們來看一些不同類型的供應的例子。

彈性供應：如果某個汽車型號的需求增加，對價格施加壓力，汽車製造商將增加汽車生產以增加市場上的汽車數量滿足需求。這意味着汽車行業具有彈性供應，因為當需求和價格增加時，汽車製造商將簡單地透過增產來滿足需求。除了市場需求和原材料之外，生產多少汽車沒有其他限制。這也是為甚麼在大多數情況下，汽車是貶值資產的原因。

非彈性供應：如果黃金的需求和價格在某一年內增加，無論增加多少，黃金的產量始終非常有限。世界黃金產量的平均增長率為 2% ／年，且變化不大。當然，當金價大幅上漲時，金礦開採變得更具獲利性，這使得年度黃金產量略微增加，接近 2.5% 。我們可以說黃金的供應是非彈性的，因為無論需求／價格如何增加，黃金的供應增加始終非常有限。

收縮供應：如果像以太幣這樣的加密貨幣的需求（和價格）增加，需求增加越多，供應就會越收縮。事實上，當網絡活動增加時，以太坊的供應就會通縮，而這通常發生在需求和價格較高的時候。這意味着以太坊的供應與價格呈負相關。世界上幾乎沒有其他資產會表現出這種情況。也就是說與其他資產不同，以太幣價格上漲，資產變得更稀缺。

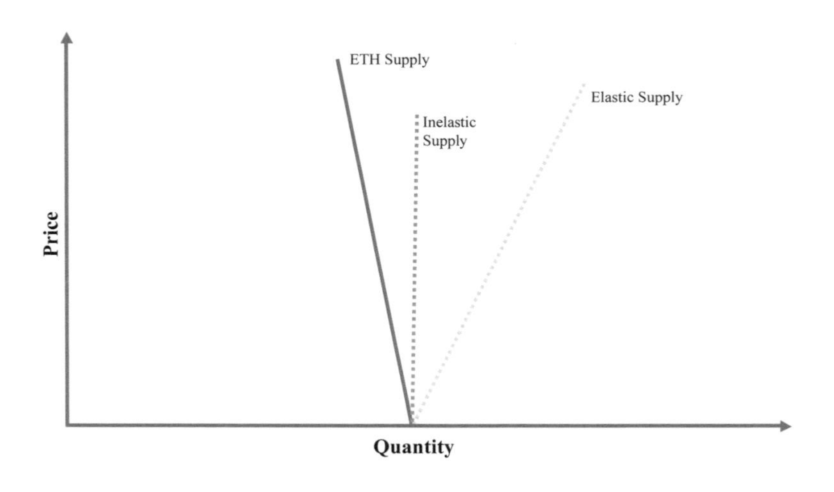

為甚麼以太坊的供應會表現出這樣的情況呢？自從 EIP-1559 以來，部分手續費會被銷毀。同時，在合併（從 PoW 轉向 PoS）之後，以太坊的發行量有所降低，且大部分時間的手續費銷毀量高於發行量，意味着通貨膨脹率為負。事實上，只要以太坊 gas fee 超過 20 Gwei，以太坊就會進入通貨緊縮狀態。換句話說，只要手續費超過 20 Gwei，低於平均費用，銷毀機制就會銷毀比發行量更多的以太坊，資產就會出現通貨緊縮。以太坊的供應在需求增加時會進一步加劇通貨緊縮，這可能會對價格產生正回饋效應，因為價格可能對需求增加更加敏感，而需求激增將與供應縮減相關聯。此外，隨着總流通供給的減少，銷毀的手續費對供應的通貨緊縮影響更大。我們可以說以太坊的通貨緊縮具有複利效應。

通貨緊縮的複利效應是如何運作的呢？假設我們有十個單位的產品，並銷毀了 1 個單位；通貨膨脹率為 -10%。然而，接下來的銷毀單位將對供應產生更高的百分比影響。現在，我們只有九個單位，銷毀 1 個單位將代表 -11.1% 的通貨膨脹率。這種遞增的通縮率在以太坊上已經可以驗證。儘管其影響仍然很小，但隨着時間的推移將會累積。

例如，以太坊的流通供應量在 2022 年 12 月為 120,522,097 ETH。平均每月銷毀 87,000 ETH 代表年通縮率為 -0.8662%。然而，在 2023 年 7 月，供應下降到 120,217,769ETH，現在，相同的 87,000 ETH 銷毀率表示 -0.8684%。-0.8662% 和 -0.8684% 之間的差異看起來不大，但未來的複利效應可能非常強大。到 2030 年，年通縮率將為 -0.93%。

這種通貨緊縮的複利效應將在長期內對價格產生正面影響。根據供需情況、抵押比例和以手續費銷毀引起的以太坊通貨緊縮，我們來計算以太坊的價格均衡：

計算供應量

為了計算流通供應量，我們根據以下方程式從前一個周期的供應中添加／減去通貨膨脹率。

$$S = P + (K*N)$$

其中

S = 流通供應量

P = 前一個周期的供應

K = 代表該周期的通貨膨脹（或通貨緊縮）率。透過對歷史資料進行線性迴歸，我們發現 (-1%*8,700,000) 提供了最符合實際的速率，表示每月大約銷毀 -87,000 ETH 。也就是說透過供應和市值之間的線性迴歸，-87,000 是平均每月的銷毀速率。

N = 模型中的周期數，以月為單位。

K = 8,700,000 是一個恆定值，因為以太坊的區塊空間在某種程度上是恆定的，並且平均而言，以太坊用戶將為區塊空間支付相同數量的以太坊手續費，這會導致近似數量的手續費被銷毀。

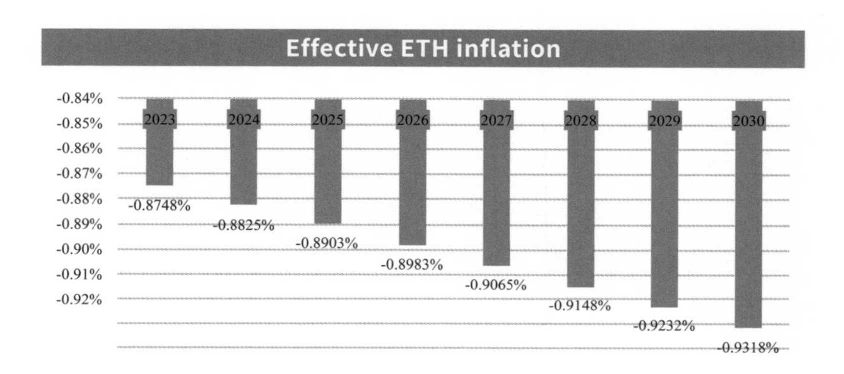

考慮到歷史通貨膨脹率和流通供應計算，隨着流通供應的減少，通縮率將增加，而 k 是恆定值。事實上，正如我們之前所看到的，預計通縮率將隨着時間的推移而加速。

計算需求量

計算需求比計算供應更加複雜。

我們需要先計算預期報酬率：

$$ERi = Rf + \beta i * (Rm - Rf)$$

其中：

Eri = 預期報酬率

Rf = 無風險利率

βi = 投資與整體市場的風險。Beta 小於 1 表示投資的波動性將低於市場，而 Beta 大於 1 表示投資的價格將比市場更波動。

在本節中，我們將使用 1.6 作為 Beta 值，這是以太坊在過去 7 年與標普 500 指數之間的 Beta。(Rm - Rf) 是市場風險溢酬。指的是期望從市場中獲得的回報。

在這個模型中，我們將使用兩個不同的無風險利率 Rf：

美國 10 年期公債利率，2023 年 9 月為 4.25%。

Aave USDC 供應利率，2023 年 9 月為 3.1%。

然後我們計算 i 的 Beta：

βi = Corr((Close - Close[1])/Close, (Ovr - Ovr[1])/Ovr) * (Stdev((Close - Close[1])/Close, Length)/Stdev((Ovr - Ovr[1])/Ovr, Length))

其中：

Close 是正在計算 Beta 值的證券的當前收盤價。

Ovr 是市場指數（SPY）的當前收盤價。

Close[1] 和 Ovr[1] 分別是證券和市場指數的先前收盤價。

Stdev 是標準差函數。

Corr 是相關函數。

Length 是計算的時間窗口。

為了計算市場回報，我們估計以太坊網絡將佔據全球金融、遊戲和債券市場的一定比例。

2030 market capture		Global size
Finance	1%	$115,000,000,000,000
Metaverse/Gaming	2%	$145,000,000,000
Bonds	1%	$119,000,000,000,000
Total capture 2030		$2,342,900,000,000
Sept-2023 mcap		$196,606,475,789
Total target 2030 mcap		**$2,539,506,475,789**

以上是以太坊網絡可能佔據的傳統市場的一個例子。根據目標未來市場總市值，我們現在可以設定一個與需求成長相符的風險溢價，以達到未來市場總市值。

需求 = D = Mcap = Mcap1 * (1 + ERi*(0.618s)^ - 0.0618c) - (c - 1)

其中，

Mcap1 = 上一個周期的市場總市值

ERi = 月增長率，即年增長率除以 12

c = 一個常數，表示需求成長曲線的下降斜率。我們設定 n = 3.33 。

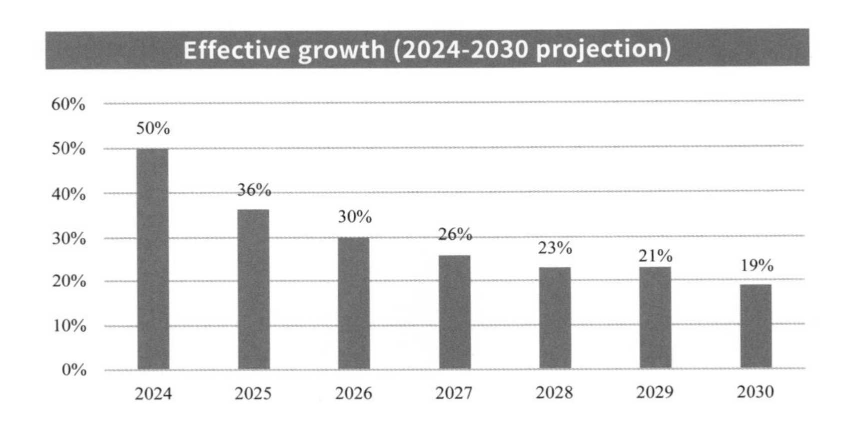

上述需求函數用來說明隨着時間的推移需求增長率是逐漸減少的，這種假設比線性的假設更真實。假設我們相信以太坊的需求在 2024 年將會成長 50% 。很可能，隨着網絡擴張，成長速度將放緩，因為網絡沒有那麼多成長空間。

計算價格

價格計算我們就遵循簡單的供需方程式。

$$P = qS/qD$$

實際範例

這些是根據上述模型對 ETH 價格的預測，預測是針對 2030 年 4 月的。

假設：

Expected rate of return		
ERi = Rf + βi*(Rm - Rf)		
Rf risk free rate	4%	
βi Beta	1.70	
Rm risk premium	38%	
Eri	62%	
2030 market capture		Global size
Finance	1%	$115,000,000,000,000
Metaverse/Gaming	2%	$145,000,000,000
Bonds	1%	$119,000,000,000,000
Total capture 2030		$2,342,900,000,000
Sept-2023 mcap		$196,606,475,789
Total target 2030 mcap		$2,539,506,475,789

根據我們的假設和模型，到 2030 年 4 月，以太坊的價格將如下：

Apr/2030 Diminishing/increasing Growth Projection	
ETH Circ. supply	108,907,769.89
Price	$12,321
Mcap	$2,560,834,427,005

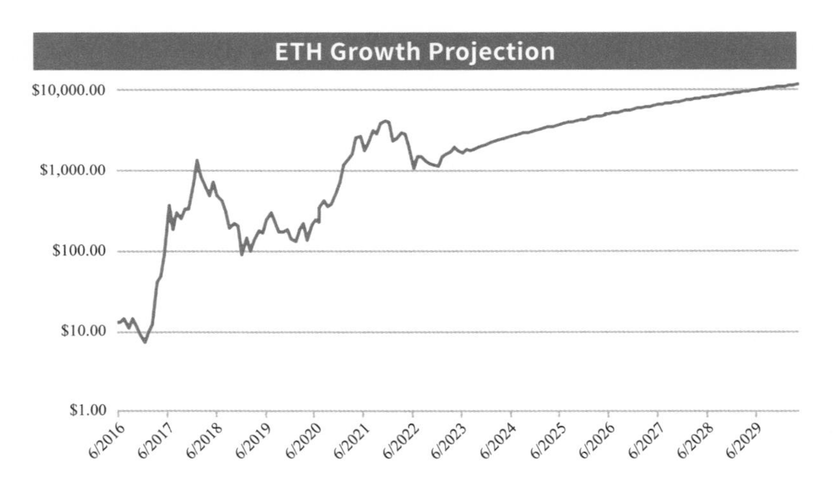

根據我們的假設和模型，到 2030 年 4 月，以太坊的價格將達到 12,321 美元。這個預測接近 VanEck 在 2023 年 5 月提出的預測，該機構預計 2030 年以太坊的目標價為 11,800 美元。

結論

以太坊獨特的通貨緊縮供應模式為其未來的價值潛力提供了有利的條件。這種通縮複利效應不僅是一個理論概念，而且已經可以從以太坊通貨膨脹率的逐漸降低中觀察到。本節提出的模型旨在提供一個框架，以理解以太坊的價格如何隨時間演變，同時考慮供需因素。透過使用歷史數據、迴歸分析和市場佔有率，我們得出的預測表明，到 2030 年 4 月，以太坊的價格將大幅上漲。雖然這些模型是基於假設的，必須在市場條件變化時進行嚴格測試和修改，但它們為以太坊的長期價值主張提供了有力的論點。通縮性供應與不斷增長的需求之間的相互作用，以及以太坊網絡的強大實用性，為以太坊的未來描繪了一個看漲的圖景，但其中並不缺乏風險和不確定性。與任何預測模型一樣，投資者在評估以太坊價值時，應參考其他因素，以太坊的價格依賴眾多不斷變化的因素。

2.3 永續債券價值

在傳統金融中，永續債權是一種沒有到期日的債券，發行人將持續向債券持有人支付利息。要將永續債券的概念應用到以太坊上，我們需要考慮「利息」或定期支付的價值以及「本金」或初始投資。

對於「利息」，我們可以帶入以太坊的質押獎勵。在以太坊中，持有者可以將他們的 ETH 質押以幫助保護網絡並獲得獎勵，在某種程度上類似於債券的利息支付。「本金」是初始質押的 ETH 數量。然而與債券不同的是，投資者在停止質押時可以取回本金，前提是網絡沒有發生「懲罰」（一種罕見事件，質押者會因在網絡上的惡意行為而受到懲罰）。自從以太坊成為 POS 網絡以來，社羣經常將其稱為「網絡債券」。

投資者可以將以太幣視為債券。更準確地說，我們應該說「投資者可以將質押的以太坊視為債券」。然而，考慮到質押以太坊非常容易，並且有助於網絡安全，並相應獲得年化收益率，我們假設這個變量是理所當然的。此外，理性的參與者質押以太坊以獲得額外收益是有意義的，因為這樣做的風險極低。以太坊確實支付利息（質押獎勵），並且沒有到期日。考慮到上面這些，我們可以將其視為類似於永續債券的資產進行評估。

為了計算「年度利息支付」—— 也就是支付給以太坊質押者的獎勵，我們將考慮以太坊的發行量、小費／手續費和 MEV。在估值之前我們要聲明，以太坊網絡不僅僅是一種簡單的債券，它是一個智能合約鏈，為成千上萬個去中心化應用提供分布式運算。考慮到這一點，計算永續債的價值在某種程度上降低了以太坊的真實價值（也就是說其真正價值應該高於永續債券的價值）。

永續債價格的公式是 C/r，其中：

C 是年度利息支付（在以太坊是年度質押獎勵）

r 是所需的投資報酬率或折現率

因此，如果一個投資者質押了 P 個以太坊，並預計從質押獎勵中每年獲得 R 個以太坊的回報，並期望其投資每年獲得 r 的回報，那麼質押的以太坊作為「永續債」的值將為 R/r。

永續債的價值＝年度利息支付／折現率

其中折現率＝無風險利率 ＋ Beta *

（市場回報率 - 無風險利率）

根據上述公式計算以太坊作為永續債的價值時，我們假設：

當前以太坊價格：2,100 美元

利息支付率為 5% = 2,100 美元 * 5% = 105 美元

折現率為 4%。考慮到永續債的價值應該從非常長期的角度來看，我們使用 10 年期公債利率。

105 美元 /4% = 2625 美元

根據以太坊作為永續債的簡單計算，在撰寫本書時，以太坊的價格應該為 2625 美元。

我們也可以在以太坊作為永續債的計算中加入其他變量。對於下面的計算，我們將使用 CAPM（資本資產定價模型）來確定風險溢價。

利息支付率為 5% = 2,100 美元 * 5% = 105 美元
折現率為 4%（10 年期公債利率）
無風險利率為 4%
以太坊 Beta 係數為 1.6（與標普 500 指數相比）
市場回報率（標普 500 指數）為 9%
= 105 美元 / 4% + 1.6*(10% - 4%)
= 875 美元

根據這個更完整的版本，其中包括 CAPM 計算，撰寫本文時以太坊作為永續債的價值應為 875 美元。

在使用「永續債券價值」來評估以太坊時，另一個重要考慮因素是質押比例越高，收益率越低。年化報酬率與質押的以太坊數量的平方根成反比。我們可以使用以下公式計算近似的質押獎勵（不包括費用和 MEV）：

年化報酬率 ＝ 143/sqrt（質押的以太坊總數）

根據這個公式，並考慮以太坊網絡的平均費用，如果全部以太坊流通供應量都被質押，質押收益率將接近 1.5%。如果我們只看「永續債的價值」，在這種情況下，以太坊的價值會較低（根據模型約為 250 美元）。然而，模型忽略的一個重要因素是，質押較多的以太坊意味着流通供應量減少，即供應量減少，價格就會上升。

Estimated Timeline of APR and ETH Staked

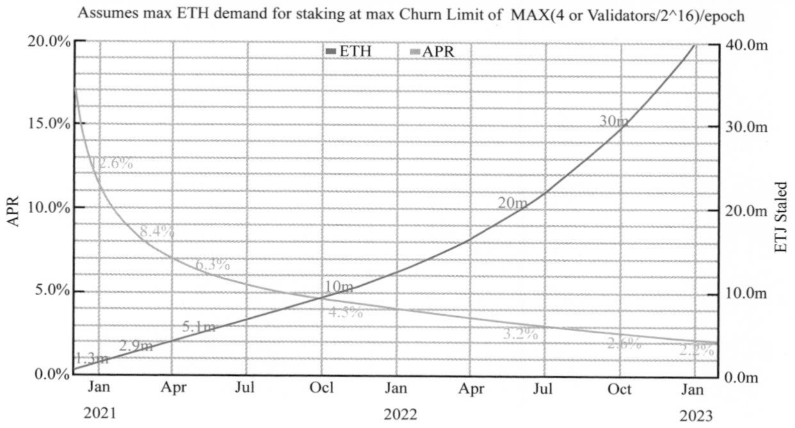

Assumes max ETH demand for staking at max Churn Limit of MAX(4 or Validators/2^16)/epoch

永續債的價值 ＝ 年度利息支付／折現率

其中折現率 ＝ 無風險利率 ＋ Beta *（市場回報率 - 無風險利率）

長期來看，質押的價值應為：

永續債價值 = (((143/sqrt(質押的以太坊數量)) * 總質押數量)/ 折現率)/ 總質押數量

= (((143/sqrt(29,000,000) * 29,000,000)/ (6% +1.6*(10% - 6%))/29,000,000

= 0.28

換句話說，根據這個模型，質押的價值為 0.28 個以太坊。我們可以計算出現值：當前價格 + 質押價值 = 以太幣債券的價值

結論

有效市場假說認為金融市場是「informationally efficient」的，這意味着無法持續實現高於市場平均回報。透過基於以太坊的質押收益認為其被低估，似乎與這一被廣泛接受的理論相矛盾。然而，將以太坊質押提供的未來收益歸因於一定的價值是合理的。此外，在撰寫本書時，大多數市場參與者仍然不將以太坊視為債券，因此仍然可能利用市場錯位。

2.4 Metcalfe's Law

甚麼是 Metcalfe's Law ？

梅特卡夫定律於 1980 年被提出，該定律指出電信網絡的價值或影響力與連接用戶數量的平方成正比 (n^2) 。最初用於描述通訊網絡的價值，該理論也被應用於社交網絡和區塊鏈網絡的估值。它的公式是 V = n^2*a ，其中 V 是網絡的價值，n 是網絡上的使用者數量，a 是一個係數 (因為使用者數量的平方不能直接與以太坊的市場價值進行比較) 。

Metcalfe 定律中使用使用者數量的平方來表示網絡價值的原因在於，每個新增的使用者都能與網絡中已有的所有使用者建立新的連線。因此，網絡的潛在連線數量隨着用戶數量的增長呈指數級上升。具體來說，如果一個網絡有 n 個用戶，那麼每個用戶都可以與其他 n-1 個用戶建立連線。因此整個網絡的潛在連線數量是 n*(n-1) 。然而因為每一個連接涉及到兩個用戶，所以實際的連接數量應該是 n*(n-1)/2 ，這個公式可以近似為 n^2 (當 n 足夠大時) 。

因此，Metcalfe 定律使用使用者數量的平方來表示網絡的價值，反映的是每個新增的使用者都能顯著增加網絡的潛在連線數量，從而增加網絡的價值。

使用 Metcalfe's Law 對以太坊估值

對於以太坊這樣的區塊鏈網絡來說，用戶數量的增加可以帶來更大的網絡效應。每個新的用戶都可能帶來新的交易、新的智能合約，以及新的 DApp，這都會增加以太坊網絡的活動量，從而提升其價值。而由以太坊支持的 DApp 的價值往往取決於其用戶數量，一個有更多用戶的 DApp 會有更大的價值，從而提升以太坊網絡整體的價值。

下圖我們利用 Glassnode 繪製了以太坊活躍地址的平方和以太坊市值的 Metric，可以粗略看出在 2021 年一月之前，以太坊市值的變化基本和活躍地址數量的平方的波動保持一致，而 2021 年一月後二者的變動出現較大差異，考慮較近的時間對未來的估值有較大的參考意義，我們選擇 2017 年 1 月 1 日以後的數據進行分析。

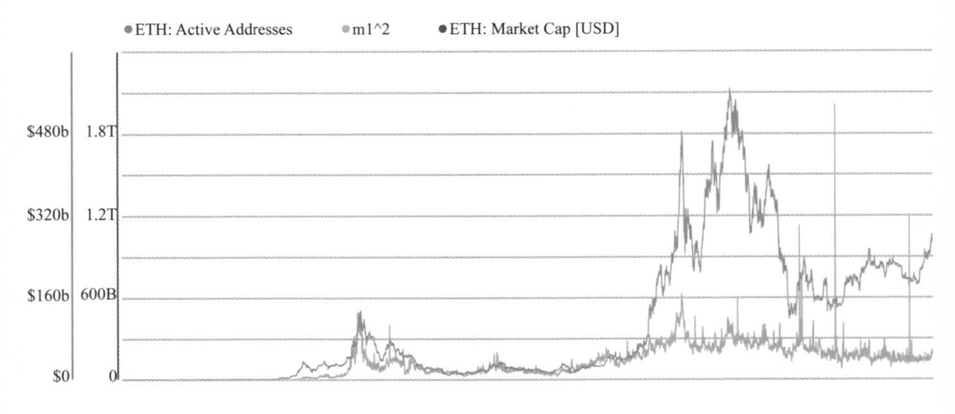

資料來源：Glassnode

我們使用 Metcalfe's Law 對以太坊估值的想法是：確定用戶數量（的平方）以及以太坊市值，用戶數量我們選擇以太坊活躍地址數量，常數「a」的計算方法是將價格除以每日活躍使用者數量的平方，我們使用的是 2022 年 11 月至 2023 年 11 月的 1 年平均值。常數「a」計算結果為 0.0000000101361。

然後，我們可以使用公式 V = a*n^2 來評估資產價值。透過將梅特卡夫定律的估值與市價進行迴歸分析，我們得到 R^2 約為 0.68，顯示有一定程度的相關性。然而，由於實際市值和估計市值都會每日波動，當我們對這兩組數據都應用 60 天的移動平均值時，R^2 值達到 0.86。因此，V = 0.0000000101361*n^2 和給定日的實際市值之間存在強烈的相關性。因此，我們使用 a = 0.0000000101361 來估計以太坊的市值。

2023 年 11 月，以太坊活躍地址數量約 40 萬，2024 年 1 月中旬接近 50 萬。我們估計了活躍地址數在 100 萬、200 萬、500 萬、1000 萬和 2000 萬時候的以太坊市值。在撰寫本文時，活躍地址數量在 400,000 和 500,000 之間波動，以太坊的價格在 $2,200 和 $2,500 之間，表明模型非常接近實際情況。

Number of address	Market cap	Price USD
200,000	$48,653,191,283	$405.44
300,000	$109,469,680,386	$912.25
400,000	$194,612,765,131	$1,621.77
500,000	$304,082,445,517	$2,534.02
1,000,000	$1,216,329,782,068	$10,136.08
2,000,000	$4,865,319,128,273	$40,544.33
5,000,000	$30,408,244,551,707	$253,402.04
10,000,000	$121,632,978,206,827	$1,013,608.15
20,000,000	$486,531,912,827,307	$4,054,432.61

局限性

Metcalfe's Law 雖然提供了一個量化網絡價值的方法，但它只是一個簡化的模型，有一些局限性，尤其是在應用到複雜的網絡系統時。

- 並非所有的使用者都會與網絡中的所有其他使用者進行交互，而且不同的使用者對網絡的貢獻也不一樣，使用者的貢獻不是均等的，在 Metcalfe's Law 的假設中，使用者的貢獻相等。然而現實中大部分網絡中的用戶的用戶貢獻都是極度不均等的，例如以太坊地址中活躍用戶地址數量遠小於獨立地址數量。

- 使用者之間連結的價值也是不對等的，梅特卡夫定律假設所有連結的價值都是相等的，但實際上，不同的連結可能有不同的價值。以太坊中有些交易可能涉及大量的資金，而有些交易可能只涉及少量的資金。
- 在實際的網絡中，網絡規模的成長可能會帶來邊際效應。在網絡規模發展到一定成都後，每增加一個用戶，可能不會使網絡的價值增加相應的平方，而是會減少，每個用戶對網絡價值的貢獻也會減少。

綜上，Metcalfe's Law 對網絡的價值評估有參考意義，但實際應用需要更多的數據和情況進行分析。

使用 Metcalfe's Law 對 Solana 估值

與以太坊類似，我們使用梅特卡夫定律來估值 Solana，我們使用的活躍用戶數據和市值數據為 2020 年 12 月 16 日至 2023 年 10 月 25 日。由於 Solana 只有大約三年的活躍用戶和市值數據，數據可用性有限，我們計算過去兩年的「a」的平均值，通過將 Solana 的每日市值除以其每日活躍用戶數量，然後對這些比率在兩年期間取平均數得到的。計算得到的「a」的值為 0.76738。我們使用這個「a」的值，應用公式 V = a*n^2 來估計從 2020 年 12 月 16 日到 2023 年 10 月 25 日的每日市值。然後，我們進行迴歸分析，將這些估計的市值與每天的實際市值進行比較。在移除異常值後，所

得的 R^2 值高達 0.8，表示有較強的相關性和所選的「a」值的合理性。因此，我們將繼續使用 a = 0.76738 來估計 SOL 的未來價值。

到 2023 年 10 月 25 日，Solana 的活躍地址數量約為 100,000（過去 30 天的平均值），根據模型，所得價格將為 6.33 美元。如果根據這個模型，其活躍用戶數等於當前以太坊的活躍用戶數量，即 40 萬，價格將為 101.28 美元。如果達到 100 萬活躍用戶，價格將為 633.03 美元。

Number of address(x)	Market Cap(y)	Circulating Supply	Price
100,000	7,673,800,000	1,212,240,518	6.33
150,000	17,266,050,000	1,212,240,518	14.24
200,000	30,695,200,000	1,212,240,518	25.32
250,000	47,961,250,000	1,212,240,518	39.56
300,000	69,064,200,000	1,212,240,518	56.97
350,000	94,004,050,000	1,212,240,518	77.55
400,000	122,780,800,000	1,212,240,518	101.28
1,000,000	767,380,000,000	1,212,240,518	633.03
2,000,000	3,069,520,000,000	1,212,240,518	2,532.10
3,000,000	6,906,420,000,000	1,212,240,518	5,697.24
4,000,000	12,278,080,000,000	1,212,240,518	10,128.42
5,000,000	19,184,500,000,000	1,212,240,518	15,825.65

2.5 NVT 比率

NVT（Network Value to Transactions）比率對於投資者來說可能是另一個非常有用的指標，它可以作為衡量網絡價值與網絡可用性（即交易量）之間關係的參考。NVT 有時被稱為「比特幣市盈率」，是由 Willie Woo 創建的。為甚麼要這樣說呢？與本益比類似，NVT 將網絡價值（即市值）與交易量相關聯。NVT 可以低（如果價格與交易量相比較低）或高（如果價格與交易量相比較高）。NVT 的計算公式如下：

NVT 比率 ＝ 市值／成交量

較高的比率可能表明未來有望成長或估值過高，就像高成長的公司可以透過預期未來成長來證明高本益比一樣，如果相信網絡未來成長，高 NVT 比率是可以被證明的。NVT 比率可以幫助識別市場中的泡沫：當 NVT 達到約 90-95 時，可能表示網絡的市值超過了其實用價值。

目前來看，NVT 比率可以幫助確定價格上漲後會發生甚麼，但在價格上漲之前的預測能力尚不清楚。因此，雖然它是了解加密貨幣的健康狀況和潛在成長的指標之一，但應與其他指標和度量結合使用，以獲得更全面的分析。

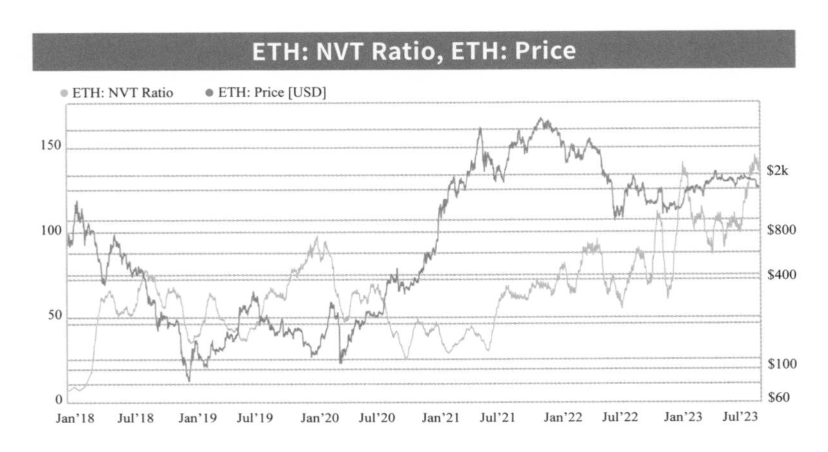

資料來源：Glassnode

然而，在大多數情況下，NVT 比率並沒有考慮一個網絡本身的代幣交易和 L2 上發生的交易量。如果我們考慮到這一點，NVT 可能會有很大的差異。如果我們提出適用於代幣 +L2 活動的 NVT，公式如下：

NVT ＝ 網絡價值／（L1 上的交易量 ＋ L2 上的交易量 ＋ 代幣交易量）

本節為了簡單起見（考慮到以太坊網絡上存在眾多 L2、DApp 和代幣），我們仍然使用 NVT 比率的原始公式，NVT ＝網絡價值／交易量，來評估網絡的價值。

使用 NVT 比率對以太坊進行估值

我們選擇過去五年（2018 年 10 月至 2023 年 10 月）的資料來分析以太坊的 NVT 比率。五年內的最低 NVT 點出現在 2020 年 9 月，可能與 2020 年由 DEX 活動主導的 DeFi summer 帶來的大量交易有關。根據 Glassnode 記錄的智能合約中以太坊供應的比例數據，我們確實可以確認從 2020 年 9 月開始，智能合約中以太坊供應的比例開始顯著增加，並持續至今。在 2021 年進入牛市後，NVT 開始波動上升，直到現在。

資料來源：Glassnode

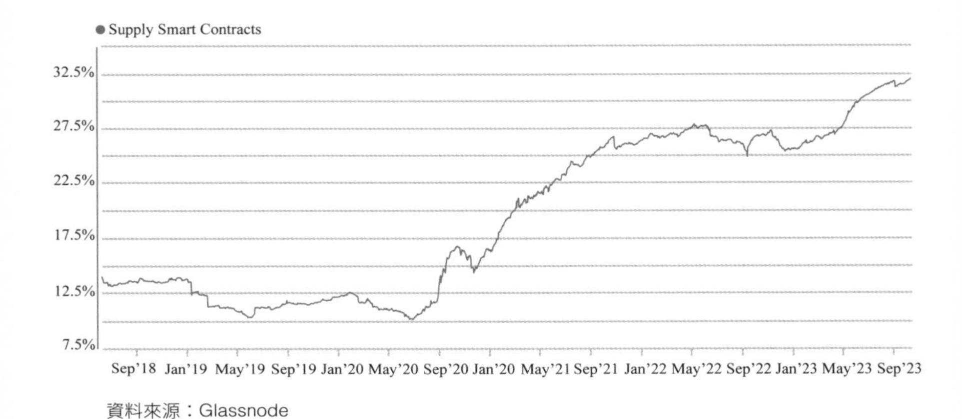

資料來源：Glassnode

根據 Santiment 的數據，我們取過去五年以太坊的 NVT 平均值 73.64。然後，我們基於估計的以太坊交易量來估算市值和價格。以太坊交易量的成長遵循先前為 DCF 計算的增長率。根據這個假設，預計到 2030 年，以太幣的價格將達到 51,219.96 美元。

Year	Growth rate	Transaction Volume (Estimated)	NVT Ratio
2023 (Annualized)	-	27,870,586,558	73.64
2024	25%	34,838,233,198	73.64
2025	25%	43,547,791,497	73.64
2026	20%	52,257,349,796	73.64
2027	20%	62,708,819,756	73.64
2028	10%	68,979,701,731	73.64

Year	Growth rate	Transaction Volume (Estimated)	NVT Ratio
2029	10%	75,877,671,904	73.64
2030	10%	83,465,439,095	73.64
Year	Market Cap	Price	
2023 (Annualized)	2,052,389,994,132	17,103.25	
2024	2,565,487,492,665	21,379.06	
2025	3,206,859,365,831	26,723.83	
2026	3,848,231,238,997	32,068.59	
2027	4,617,877,486,797	38,482.31	
2028	5,079,665,235,476	42,330.54	
2029	5,587,631,759,024	46,563.60	
2030	6,146,394,934,926	51,219.96	

資料來源：HashKey Capital 整理

使用 NVT 比率對 Solana 進行估值

對於 Solana 的 NVT 比率，類似於先前提到的計算 Metcalfe 定律中的常數「a」的方法，我們計算了從 2020 年 12 月 16 日到 2023 年 10 月 25 日每天的平均 NVT 比率。這是透過將市值除以每日交易量得到的。我們使用 Solana 的平均 NVT 比率來估計其未來價格。計算出的 Solana 的 NVT 比率為 29.45。我們使用與以太坊估值相同的方法，並假設交易量增長率和收入增長率是一致的。基於此，我們做出以下價格預測：根據 NVT 模型，到 2030 年，SOL 的價格將達到 206.34 美元。

Year	Growth rate	Transaction Volume (Estimated)	NVT Ratio
2023 (Annualized)	-	2,836,080,512	29.45
2024	25%	3,545,100,640	29.45
2025	25%	4,431,375,800	29.45
2026	20%	5,317,650,960	29.45
2027	20%	6,381,181,151	29.45
2028	10%	7,019,299,267	29.45
2029	10%	7,721,229,193	29.45
2030	10%	8,493,352,113	29.45
Year	Market Cap	Circulating Supply	Price
2023 (Annualized)	83,522,571,078	1,069,736,938	78.08
2024	104,403,213,848	1,098,919,989	95.01
2025	130,504,017,310	1,124,064,775	116.10
2026	156,604,820,772	1,146,812,764	136.56
2027	187,925,784,897	1,166,398,424	161.12
2028	206,718,363,413	1,188,593,832	173.92
2029	227,390,199,734	1,199,234,698	189.61
2030	250,129,219,728	1,212,240,518	206.34

結論

NVT 比率透過計算網絡價值與網絡交易量的比率可以幫助投資者識別過高或過低估值，預測未來成長，並可能檢測到市場泡沫。然而，像所有指標一樣，NVT 比率也有其局限性，我們列出了以下三點：

- 交易量的可靠性：NVT 比率的準確性依賴於準確的交易量數據。然而，由於加密貨幣市場的特性，交易量的操縱和虛假交易等，交易量數據的可靠性可能存在挑站，並且交易量可能收到一次性大額交易影響，可能無法全面反映該資產使用情況。
- 市場流動性：NVT 比率沒有考慮市場流動性的因素。即使交易量很大，但如果市場流動性較低，可能會導致交易價格的不穩定性和操縱。
- 市場情緒與投機因素：NVT 比率無法捕捉市場參與者的情緒和投機行為，這些因素對加密貨幣的價格和市值也有重要影響。

總而言之，雖然 NVT 比率在加密貨幣分析中可以是一個有效的指標，但應與其他指標一起使用，以提供對資產價值的更全面和可靠的評估。

2.6 市銷率

市銷率我們在上文分析比特幣估值時候也提到過，是傳統金融領域常用的指標之一，用來評估公司市值與銷售收入的關係。「價格」在 P/S 比率中指的是公司的市值（即所有股票的總價值），而「銷售額」指的是公司的總收入。在加密貨幣領域，我們可以把這些概念調整為：「價格」是為加密貨幣的市值，也就是加密貨幣的當前市價乘以總流通供應量。在「銷售額」方面，由於加密貨幣不像公司那樣透過銷售產生收入，相反我們可以使用一個反映網絡經濟活動或實用性的等價指標。具體來說就是將網絡上的交易費用總額作為「銷售額」，因為交易費用反映了網絡的實用性和使用情況，類似於銷售額反映了公司的活動。也正如我們之前提到的較低的 P/S 比率可能意味着公司的股價被低估，而較高的 P/S 比率可能意味着被高估。

P/S 比率＝公司市值／年銷售收入

在加密貨幣領域，P/S 比率可以以下方式計算：

P/S 比率＝加密資產市值／年費用收入

我們使用 P/S 比率來橫向以下比較主流區塊鏈的估值：

	P/S ratio (fully diluted)	P/S ratio (circulating)
Ethereum (ETH)	271.97x	271.97x
Solana (SOL)	1888.89x	1401.15x
Tron (TRX)	7.63x	7.63x
BNB Chain (BNB)	4262.64x	3276.93x
Avalanche (AVAX)	1787.16x	876.85x
Arbitrum (ARB)	345.77x	44.09x
Polygon (MATIC)	1019.51x	939.93x
Optimism (OP)	347.11x	52.10x

資料來源：Token Terminal, HashKey Capital 整理 November 2013

從上表我們可以看出，如果將 Solana 與以太坊進行比較，從市銷率的角度來看，與以太坊的去中心化、安全性、生態規模和經濟模型相比，Solana 的溢價似乎更大。然而，Solana 的價值在於更好的獲取用戶，使得更多用戶能夠加入並參與去中心化應用，特別是在 DeFi 和 NFT 領域。

我們認為在許多情況下，P/S 率更適合比較相同加密資產的不同時間點而非不同加密資產之間的比較。如同先前所提到的，不同的 L1 區塊鏈具有不同的特點，很難將它們統一化以正確比較它們之間的 P/S 率。儘管如此，P/S 率仍可作為評估資產是否高估或低估的重要參考標準。

第三章

DAO 和實用型代幣

許多代幣代表發行業務的經濟利益，在經濟角度上類似於企業的股權。主要的區別在於，在大多數情況下，加密代幣代表的是去中心化業務（例如 DeFi 協議）的經濟利益，而不是中心化業務（例如銀行）。在本節中，我們不打算根據代幣的法律地位或其根據 SEC 豪威測試是否屬於證券來進行分類，我們將僅從經濟角度來評估這些代幣。

DAO 代幣和實用代幣的性質各不相同，但它們通常提供決策和投票權、它們代表代幣持有者擁有平台的某些權利以及獲得未來分配的權利。從這個角度來看，我們能夠透過傳統的估值方法來評估這些代幣。

方法	目標	使用範圍
市場法	根據代幣市場價格評估其價值	任何加幣資產
比較法	和類似加密資產進行比較	對於早期代幣來說非常有效
貨幣數量論	貨幣供給與商品和服務價格水平之間的關係	任何加幣資產
市值／總鎖倉量比率	將市值和協議總鎖倉量相關聯	DeFi 之類的去中心化協議代幣

3.1 市場法

在二級市場公開交易並且具有相當流動性的代幣可以使

用市場法，根據市場法中我們可以簡單地比較主要交易所上列出的代幣報價價格。根據有效市場假說，資產的價格反映了其業務的表現以及披露的消息對於價格的影響，即反映了資產的價值，這也意味着市場價值等於基本價值。因此要根據價格評估一種代幣的價值，我們需要確保代幣在多個交易所進行交易並且具有足夠的流動性。考慮到代幣具有流動性並且在不同地方交易（也就是說允許套利者平衡價格），我們可以把代幣價格作為資產的市場價值的反映，並從有效市場假說的角度評估加密資產價值。

3.2 比較法

比較法對於在二級市場沒有交易的代幣或仍在融資中尚未推出代幣的項目相對比較有用。在比較代幣時，例如項目 A 和項目 B 之間，需要注意的是大多數情況下，項目 A 和 B 處於不同的階段，因此具有不同的成熟度和風險等級。然而透過觀察一些定量和定性指標，可以推斷出與代幣 A 相比，代幣 B 的估值，這與創投公司在評估早期輪次項目未來將要推出的代幣的潛在價值時所採用的方法類似。

創投公司經常使用一個類似記分卡方法來評估新創公司並了解其基本價值。

舉個例子：

現有一家種子階段的新創公司，沒有在二級市場上交易的代幣或股權，針對這個項目有三個類似的可供比較的競爭對手。

- 競爭對手 A 的估值：5.75 億美元
- 競爭對手 B 的估值：81 億美元
- 競爭對手 C 的估值：148 億美元

以上這些估值是基於它們最後一輪的融資。

下一步是計算競爭對手的平均估值：

可比較競爭對手估值的平均值 ＝（val1 + val2 + valn）/n

在上面的例子中，平均估值為 76.5 億美元。可比較競爭對手的平均估值將成為分析的基準。

接下來是建立記分卡。要建立記分卡，首先必須確定比較因素。這些比較因素可以是團隊、規模、產品、營銷、使用者數量、交易數量、費用、開發人員數量等。一旦建立了定量和定性比較因素，就可以為每個因素賦予權重，權重對應於比較因素對業務的重要性。比較百分比對應於該比較因素與競爭對手的比較。例如如果該項目團隊與競爭對手的團隊一樣優秀，百分比就是 100%，如果產品比競爭對手好約 25%，百分比就是 125%，以此類推。然後我們將權重乘以比較因素百分比，得到每一項的 factor，將所有 factor 相加後，我們將得到最終 factor 的值，即 1.182（在本例中）。

比較因素	權重 %	比較 %	factor （權重 %* 比較 %）
團隊	30%	100%	0.3
機會／潛力	25%	150%	0.375
產品	15%	125%	0.187
使用者數量	10%	120%	0.12
行銷／合作夥伴	10%	100%	0.1
對額外資金的需求程度	5%	100%	0.05
其他因素	5%	100%	0.05
總計	-	-	1.182

然後我們將最終 factor 值乘以平均估值：1.182 * 76.5 億美元 = 90.4 億美元。這個價值可以代表該公司在未來的潛在估值，並且可以幫助投資者理性地評估投資的潛在回報。

上述表格僅列出了一些可比較因素，根據項目的不同，投資者可以考慮其他變量，以便將項目與競爭對手進行比較。以下我們列出了其他可能使用的因素／變量，供投資者在評估時參考：

- 商業模式
- 管理團隊
- 市場規模
- 競爭優勢
- 行業潛力
- 潛在風險
- 財務狀況
- 開發者生態系統

結論

在加密投資領域特別是那些流動性較差或未上市的代幣，尋找類似項目並進行比較是至關重要的。這種方法提供了一種全面而係統性的方法來評估流動性較差或預發行階段的代幣，從而幫助投資者做出更明智的投資決策，當然它也可以同樣適用於流動性較好的代幣的初步評估。本節的記分卡方法具有彈性，可適應各種比較因素。根據項目或代幣的不同，投資者可以選擇各種變量進行比較。只要比較因素對於項目和競爭對手都明確定義且可用的，這種方法就是有效的。

預測難度

一般而言，預測大多數資產類別的投資回報並不是非常容易的。債券、股票、商品、藝術品、房地產市場的預測都非常困難。大多數情況下，投資人會使用歷史回報來預測未來回報，但這種方法就是假設過去的模式和趨勢會延續到未來，而這種假設在大多數時候都是不成立的。換句話說，任何預期回報高於無風險利率的投資都有所謂的風險溢價，因此具有難以預測的波動性。

投資新技術、新行業和早期企業自然會帶來更高的風險溢價。因此創投公司的角色是對這種風險溢價進行套利，並評估這些投資的風險／回報指標。個人投資者投資早期項目（無論是加密或非加密項目）時應意識到高風險溢價與波動性之間存在直接關聯。說到這裏，我們希望本章（以及本書）中介紹的估值指標能夠幫助投資者更清楚地了解這一領域，並增加獲得高於平均回報的機會。

實用型代幣

實用型代幣的內在價值與底層平台及其提供的商品／服務相關聯，實用型代幣通常也被用作平台營運商和投資者的經濟激勵和所有權工具。這意味着，與公司的股票不同，實用型代幣具有統一性。統一性意味着同一代幣既有實用性，又可以用作治理和產生經濟價值（類似公司的股票）。因此實用型代幣的價值往往根據其在底層平台中提供的價值來衡量，我們可以將用於購買平台服務的實用型代幣價格與其 Web2 替代品進行比較。例如，用戶使用 Filecoin 代幣支付去中心化儲存空間的費用，還有許多其他提供類似服務的雲端供應商，如 AWS，我們可以計算和比較儲存每 GB ／月成本。

3.3 貨幣數量理論

正如我們之前所提到的，實用型代幣可以被視為協議中用戶的交換媒介，並可在協議中用作「法定貨幣」。也就是說創造了可以與較大的法定貨幣經濟體進行比較的小型經濟體，所以我們能夠透過 QTM 的視角來評估實用型代幣。貨幣數量理論是經濟學中一個基本的概念，描述了經濟體中貨幣供給與商品和服務價格水平之間的關係。

QTM 公式可以表示如下：

$$M * V = P * Y$$

M：貨幣供應，對應整個代幣流通供應。

V：貨幣流通速度，或單位貨幣的平均花費頻率。

P：價格水平

Y：所有商品／服務交易的數量。

將 QTM 應用於實用型代幣

我們可以將 QTM 應用於實用型代幣，計算它們的貨幣供應、貨幣流通速度、價格水平和交易數量。

貨幣供應

傳統經濟中貨幣供應是由中央銀行決定的，包括以 M0 、 M1 、 M2 和 M3 代表的不同措施，表示流通中的貨幣、存款、支票、證券、基金等。在代幣經濟中，計算貨幣供應更容易。在大多數情況下，實用型代幣具有固定的貨幣供應。通常該供應是由開發人員在項目開始時確定的。作為項目的代幣經濟學的一部分，確定流通供應和總供應非常重要。雖然在某些情況下，流通供應和總供應完全相同，但一些項目將具有代表短期貨幣供應的流通供應和代表長期總貨幣供應的總供應兩個貨幣供應量。

貨幣流通速度

貨幣流通速度可以透過查看交易活動和鏈上數據來觀察，與計算傳統法幣的貨幣流通速度相比，獲取加密貨幣的鏈上和鏈下數據非常透明，並且也相對容易獲得。通常代幣的高流通速度意味着它具有強大的需求，更有可能在長期上取得成功。

商品的交易量

在法幣經濟中，商品的交易量對應於國家的 GDP，而在代幣經濟中，商品的交易量對應於協議在一定時期內提供的服務的總價值。計算加密貨幣的商品交易量並不容易，如何計算市場規模？一種方法是協議在一段時間內收取的費用，另一種方法是簡單地將代幣的總市值作為商品交易量。

價格水平

根據前面提到的變量，我們可以計算出代幣的價格水平。然後可以將該價格與以法幣計價的代幣在二級市場上的歷史價格進行比較。值得注意的是，這裏的價格水平對應於代幣經濟中商品和服務的平均價格，而不一定是代幣價格。實際上價格水平應該對應於一單位代幣可以購買的商品數量，如果價格水平上升，購買的商品就會減少，也被稱為通貨膨脹。

$$P = MV/Y$$

M：貨幣供應，對應整個代幣流通供應。

V：貨幣流通速度

P：價格水平

Y：所有商品／服務交易的數量。

上述公式可以應用於任何加密貨幣，以下我們用比特幣舉例：將以下這些數值代入方程式 P = (M * V) / Y：

P = (1850 萬 BTC * 2) /2500 萬交易

P = 每筆交易 1.48 BTC

這顯示平均每筆交易涉及約 1.48 個比特幣，實際上如果我們將這個 BTC 金額轉換成美元等值，就可以得到比特幣網絡上的平均交易規模。但實際上，由於比特幣需求的變化、投機行為、監管變化和許多其他因素，這些數字可能會大幅波動，本例簡化或忽略了這些情況。

為了應用 QTM，我們可以加入一個類似 CAPM 部分所使用的折現率。根據弗里德曼(Milton Friedman)的觀點，M 和 V 不應該是常數，因為有許多變量需要考慮。「貨幣流通速度不是常數，而是由少數獨立因素決定的變量。」

我們可以嘗試透過對代幣供應、流通速度和生態系統成長的預測來估計未來代幣的價格，例如 P = [M * V]/Q，但這個模型忽略了許多其他變量。此外，雖然速度可以與實用代幣的價值相關聯，但在某些情況下，透過某些機制降低速度也可能對價格產生正面影響。項目可以透過引入利潤分享機制、質押激勵、銷毀機制和遊戲化策略來人為地降低流通速度，以激勵用戶長期持有代幣。

3.4 市值／總鎖倉價值比率

Market Cap/TVL 讓我們可以比較同一領域中的不同項目。此比率可用於比較不同的 L1 項目、L2 項目或不同的 DeFi 項目等。總鎖定價值 (TVL) 表示被鎖定、存入或質押在協議中的資金，TVL 的增加表明有更多的資金被存入，意味着項目的使用率更高。實際上 TVL 可以被視為與銀行資產管理規模 (AUM) 類似的指標。AUM 越高，代表該銀行借貸資產的能力越強。市值／TVL 比率為投資者提供了一個合理的指標，將價格（市值）與透過 TVL 衡量的協議的實際可用性相關聯。比率越低，資產相對於 TVL 的定價越低，以下我們給了一些 DeFi 協議的例子：

Name	Token price	Market cap
Aave	$96.30	$1,410,000,000.00
Compound	$51.50	$414,000,000.00
Venus	$6.70	$106,000,000.00
Name	TVL	Market cap to TVL
Aave	$5,774,000,000.00	0.24
Compound	$2,237,000,000.00	0.19
Venus	$680,000,000.00	0.16

市值／TVL 比率衡量了市值與 TVL 之間的相對規模。簡單來說，類似於市盈率，較高的市值／TVL 意味着價格相對於 TVL 更昂貴。較高的比率可能意味着資產被高估，或者投資者對協議未來成長有很高的期望。較低的比率可能被解釋為資產被低估，或相對於同類資產，投資者對其未來成長要求較低。

Name	Price Jan. 23	Mcap/TVL Jan. 23	Price Dec. 23	Mcap/TVL Jan Dec. 23	Performance
Radiant	$0.04	0.04	$0.20	0.27	400%
Maker	$518.00	0.07	$1,480.00	0.17	186%
Venus	$4.10	0.08	$6.80	0.15	66%
Curve	$0.50	0.1	$0.60	0.26	20%
Marinade	$0.06	0.12	$0.20	0.11	233%
Liquity	$0.60	0.13	$1.50	0.20	150%
Compound	$31.90	0.14	$53.30	0.16	67%
Lido	$1.10	0.15	$2.50	0.11	127%
Aave	$52.00	0.2	$97.00	0.25	87%
Frax	$4.60	0.25	$7.00	0.63	52%
dYdX	$1.20	0.41	$3.20	1.70	167%
RocketPool	$21.00	0.69	$28.70	0.23	37%
GMX	$41.50	0.75	$48.60	0.81	17%
Uniswap	$5.40	1.23	$6.20	1.25	15%

上表顯示了 2023 年 1 月份的 14 個不同 DeFi 協議的價格和市值／TVL 比率，以及 2023 年 12 月份的價格、TVL 和 11 個月的表現。我們可以觀察到表現最好的代幣具有較低的市值／TVL 比率。例如，Radiant 在 2023 年 1 月的市值／TVL 比率為 0.04，在接下來的 11 個月中回報率達到了 400%。另一方面，Uniswap 的市值／TVL 比率最高，達到了 1.23，但回報率是整個組中最低的，僅為 15%。

在這 14 個協議中，市值／TVL 比率最低的七個（比率低於 0.15）平均回報率為 160%，而市值／TVL 比率最高的七個（高於 0.15）平均回報率為 73%。

結論

市值／TVL 比率同樣也有一些限制。TVL 並不總是反映協議的實用性或或表示其是否成功。例如 TVL 可能會因為流動性挖礦計劃誇大，具體就是用代幣獎勵來鼓勵用戶存入資產，一旦這些誘因被取消，TVL 可能會迅速下降。此外，TVL 並未考慮使用者的多樣性，較高的 TVL 可能是由於少數幾個大型參與者，也可能意味着資產集中和潛在操縱，缺乏廣泛性。此外，市值／TVL 比率並未考慮協議之間的風險差異，某些協議比率較低可能是由於更高的風險，而不是被低估。最後，該比率可能無法反映協議的未來潛力，具有較高比率的協議可能已經包含了未來的成長和潛力，而不僅僅是當前的 TVL。儘管有這些局限性，市值／TVL 比率提供了一個有意義且相對簡單的指標，用於比較項目的價格與其當前的使用水平，概括了市場對協議價值與其吸收的資產之間關係。

第四章

DAO 代幣估值框架

DAO 是由代幣持有者組成的組織，DAO 代幣與實用代幣存在一些重疊，DAO 代幣通常提供對底層協議／服務的治理權力和實用性，這在 DeFi 協議中非常常見，同一個代幣既代表對 DAO 的治理權力，又作為平台上的支付代幣，或又可以帶來某些好處，例如獎勵或費用折扣。

在某些情況下，我們也可以使用與實用代幣相同的代幣估值方法來評估 DAO 代幣。一些項目採用公司 -DAO 或基金會 -DAO 結構，DAO 允許用戶和社羣透過代幣投票提出和投票議案。通常 DAO 是民主的，任何代幣持有者都可以在其治理論壇上提出新提議或變更建議。社羣將討論這些想法，並進行投票，代幣持有者將進行投票，投票權重將與他們持有的代幣比例相對應。如果議案達到一定人數並通過，公司／基金會會繼續實施該提案。值得注意的是，在大多數情況下，DAO 提供的產品／服務是透過在區塊鏈上的智能合約而完全自動化的。另一方面公司／基金會的責任是作為服務提供者，維護／升級／修復中間層、智能合約和協議的前端。在本節中，我們將重點關注 DAO 的估值，並排除與之相關的公司／基金會，因為它們可以被視為純粹的供應商。

我們使用兩種不同的方法來評估 DAO 的估值：基本估值法和可比較分析。

基本估值法：根據代幣的基本面、實用性、代幣經濟學和代幣價值累積來評估 DAO 代幣的價值。

比較估值法：利用指標將 DAO 與同一行業的其他 DAO 進行比較來評估 DAO 的價值。

在本節中，我們介紹的估值方法相對較少，不是因為缺乏用於 DAO 代幣估值的方法，而是因為我們已經在本書中介紹了大多數方法，其中的一些方法適用於 DAO 價值的評估。

方法	目標	使用範圍
Net Current Asset Value Per Token - NCAVPT	計算 DAO 的 liquidation value	DAO 以及有 treasury 的項目

4.1 投票溢價

投票是否有價值？與傳統金融中的普通股和優先股類似，投票確實有溢價。在加密資產領域，人們對投票是否對代幣價值產生任何影響進行了相當多的討論。根據 Buterin

(2022) 的論點，將治理權與代幣價值分開是建立一個公正透明的代幣經濟，使所有利益相關者受益的重要環節。

4.2 每股淨流動資產價值 (NCAVPT)

Benjamin Graham 推廣了每股淨流動資產價值 (NCAVPS) 這一概念以評估股票價值，該指標透過將流動資產減去總負債並除以股票總數來計算。淨流動資產價值類似清算價值，通常在公司面臨破產或解散時使用，公司的清算價值也就是最低估值。該價值是透過考慮從出售所有資產並償還負債之後獲得的淨變現現金來計算的。對於股東來說，這個價值代表在履行所有債務和義務後可用於分配的剩餘資金，而清算價值不考慮公司可能獲得的任何潛在未來收入或利潤。

在本節中，我們將 NCAVPT 調整為 DAO 的 NCAVPT 值及其其代幣價格。與 DeFi 或協議 DAO 不同，投資 DAO 和收藏 DAO 等 DAO 的形式通常不會產生現金流，這種類型的 DAO 的目標是成為代幣持有者投資其他項目或收集藝術品的集體組織，類似一個 VC ，在這種類型的 DAO 中，DAO 的價值可能接近清算價值。

NCAVPT =（流動資產 - 總負債）÷ 代幣供應量

傳統金融中清算價值等於總資產減去負債。然而在大多數情況下，DAO 幾乎沒有或沒有負債。

評估 DAO 的資產：假設 DAO 的資產是流動的，DAO 的資產是代幣和 NFT 等數字資產，這些資產通常可以根據市場價格輕鬆確定價值。

減去 DAO 的負債：雖然不常見，但 DAO 也可能有負債，例如在 DeFi 協議上的貸款。將資產減去負債得到的就是收藏家 DAO 或投資 DAO 的清算價值。

Token	Assets	Circulating supply	NCAVPT	Current Price
Optimism	$4,500,000,000	911,295,000	$4.94	$2.10
Mantle	$2,500,000,000	3,132,673,000	$0.80	$0.59
Arbitrum	$4,000,000,000	1,275,000,000	$3.14	$1.08
Uniswap	$2,800,000,000	588,187,016	$4.76	$6.27
Gnosis	$1,800,000,000	2,589,588	$695.09	$233.00
dYdX	$685,500,000	183,765,523	$3.73	$2.80
ENS	$669,100,000	30,326,169	$22.06	$9.50
The Graph	$541,100,000	9,322,894,087	$0.06	$0.16
ReseachCoin	$464,500,000	76,216,481	$6.09	$0.50

Token	Assets	Circulating supply	NCAVPT	Current Price
Lido	$368,100,000	889,560,019	$0.41	$2.27
Stargate	$237,800,000	204,338,417	$1.16	$0.53
Frax	$224,700,000	75,472,333	$2.98	$8.96
Decentraland	$196,800,000	1,893,095,371	$0.10	$0.49
Orbs	$189.600.000	3,167,720,359	$0.06	$0.04
YGG	$187,000,000	284,903,702	$0.66	$0.36
Merit Circle	$150,000,000	322,101,826	$0.47	$1.84

資料來源：HashKey Capital，2023 年 12 月

正如我們可以從表中看到的，根據 NCAVPT，有些代幣的淨流動資產價值高於當前價格，而其他代幣則低於當前代幣價格。換句話說，有些代幣的交易價值低於每個代幣的淨流動資產價值（即根據這個指標來看，它們被低估了），而其他代幣的交易價值高於淨流動資產價值（即它們被高估了）。

結論

清算價值和 NCAVPT 為投資者提供了 DAO 代幣最低價值的參考，它也可以作為比較各種 DAO 之間投資機會的一個標準。然而像所有估值方法一樣，也應該結合其他指

標一起使用，以對 DAO 有更全面的評估。投資人需要考慮到 NCAVPT 並不將 DAO 的商業模式列入考慮範圍內，有些 DAO 也可能根本不需要財務儲備來運作。在這種情況下，淨流動資產價值會很低。NCAVPT 的另一個限制是，在某些情況下 DAO 財務儲備部分由其自身的代幣組成的，因此代幣價格的變化將對 DAO 財務儲備產生遞歸影響，並影響使用 NCAVPT 進行評估。

4.3 透明度和治理溢價

這一部分我們來談談透明度溢價和治理溢價。首先，區塊鏈本身就具有透明且無需許可的特性，這意味着更容易驗證鏈上數據，如用戶數量、收入、財務儲備、TVL 等。此外大多數基於區塊鏈的項目都是開源的，這進一步增加了透明度。為甚麼透明度很重要？通常在傳統的股權世界中，投資者只能透過公司的年度或季度報告獲取數據，這些報告的截止日期和發佈之間有幾個月的延遲，此外財務報告也依賴會計師和外部審計師，雖然不算常見，但仍有篡改和詐欺風險。相反代幣和加密貨幣為用戶提供了即時、透明、不可變和防篡改的數據，使得投資者可以在任何時間點收集有關項目的數據，無需等待季度報告，也無需信任審計師。透明度應該給予加密貨幣一定的溢價。另一個點是治理溢價。傳統金融中公司可以發行兩種類型的股票：優先股和普通股，通常只有普通股才會給投資人投票權。這產生了兩類投資者：不能投票的和可以投票的，這也產生了溢價，很多時候普通股的交易價值高於優先股。這表明投票權對投資者來說具有溢價。同樣，許多區塊鏈項目、協議和 DAO 都有代幣，代幣持有者可以使用這些代幣進行投票，這也應該轉化為可衡量的代幣溢價。

第五章

STO 估值

STO 可以被視為一種融合方法，將 ICO 與 IPO 結合。STO 指的是發行 Security Token，代表着對實際資產／證券（如股權、債券或其他金融工具）的所有權，而不同的是 STO 可被視為用於分發和記錄資產的技術基礎設施，即使用區塊鏈技術來獲取資產數據、交易和結算，而不是使用傳統中心化機構。因此 STO 的估值基本上是根據既定的傳統金融資產的估值方法。在本節中，我們將主要使用三種方法進行 STO 估值：收入法、相對估值法和成本法。

選擇特定的估值方法取決於基礎資產的性質、行業和具體投資目標等因素。STO 估值的準確性和可靠性極大地依賴合規性和透明度，因為這些因素直接影響投資者對這個不斷發展的領域的信任和信心。

方法	目標	使用範圍
收入法	和 DCF 模型類似，根據未來現金流來衡量資產價值	底層資產是股票或債券
成本法	基於替代原理進行估算	底層資產是現實資產例如房地產
相對估值法	透過比較同行業類似資產來進行評估	大部分 STO 資產

5.1 收入法

DCF 是其中最常見的方法，同樣也適用於評估 STO。DCF 基於一個原則，即資產的價值取決於其為投資者創造未來現金流量的能力。這種方法可以用於各種情況，包括估價公司、定價債券和評估房地產投資的價值。儘管我們在本書之前已經討論了加密資產的 DCF 估值方法，但我們在這裏會針對 STO 進行說明。對於 STO 的 DCF 而言，主要要考慮四個關鍵組成部分：現金流量、折現率、期數和 STO discount。以下是這些要素的更詳細探討：

現金流

現金流包括與資產相關的各種收益，可以包括利息收入、資產出售收益、自由現金流等等。具體的現金流組成部分取決於資產的類型和投資者的利益。為了有效地應用這種方法，投資者必須對企業商業模式進行全面的研究，並對增長率進行合理的假設，以估計未來的現金流。在實務中，為了簡化預測的假設，現金流量通常分為兩類：預測現金流量和終端現金流量。

折現率

折現率代表投資者對項目所期望的報酬率。它表示投資者願意接受的替代投資機會的最低回報率。值得注意的是，較高的折現率會導致未來現金流量的現值降低，相反較低的折現率會增加現值。選擇適當的折現率至關重要，因為它反映與項目相關的風險狀況、不確定性和時間價值。

估計折現率是確定項目或公司可行性的關鍵步驟，其中一種常用方法是資本成本法。此方法透過考慮需要支付給投資者的回報率（包括債務和股權持有者）來計算加權平均資本成本（WACC）。為了計算 WACC，需要將每種資本來源的成本乘以其在資本結構中的比例，然後加總。債務成本可以透過使用債務的利率，並進行稅收調整來估計。另一方面，可以使用資本資產定價模型（CAPM）來估計權益成本。CAPM 考慮了各種因素，例如無風險利率、市場風險溢價以及項目或公司的 beta 值，以估計權益成本。

wd：債務權重

we：股權權重

rd：債務的所需回報率

re：股權的所需回報率

T：稅率

為了確定資本結構權重，我們需要計算資本的每個來源的百分比貢獻。例如，如果公司的市值或股權價值為 2 億美元，淨債務餘額為 8000 萬美元，那麼透過將這兩個值相加，我們可以計算出公司的總市值為 2.8 億美元。利用這些訊息，我們可以確定公司資本結構中債務和股權的相對權重。股權權重計算為 71%，債務權重計算為 29%。

債務成本可以在公司的公司債券或可比公司的內部收益率（IRR）中找到，並考慮到稅收的影響，我們需要計算債務的稅後成本：

- 估計權益成本更為複雜。我們可以使用資產定價模型（CAPM）來計算權益成本我們在上文已經介紹過。
- Rf 指的是無風險回報率，可以透過與投資者預期持有股票的時間框架相匹配的美國政府債券來近似。
- Beta 表示預期股票報酬對市場報酬的敏感性，可以使用歷史資料來估計。在數學上，它被計算為特定股票的歷史回報與市場的協方差除以市場的變異數。
- Rm 表示市場報酬率或投資者預期市場將獲得的回報。

預測期和終端期

預測期是公司可以合理預測未來業績併計劃營運的時間段，在傳統的商業環境中，這個預測期通常在 8 到 15 年之間。相反，終端期延伸到預測時間範圍之外，理論上可以無限延伸。在評估終端現金流量時，需要計算初始預測期間之後所有年份的現金流量折現總和。終端增長率表示現金流的年增率。

STO 折價

到目前為止，DCF 計算的第 1、2 和 3 點將使用傳統的 DCF 模型完全一致。然而作為最後一步，我們需要考慮 STO 折價因素。

$$DCFValueSTO = DCFValue * (1-d)$$

實質上，DCF 方法可以作為一種用於評估 STO 可靠且廣泛採用的方法，它提供了一個結構化的框架，以基於資產產生未來現金流的潛力來評估這些資產的內在價值。準確的估值需要細緻的研究、明智的假設以及對現金流、折現率和預測期與終端期的深入思考。

最後，以下是完整的帶有 STO 折價的 DCF 估值公式：

$$DCFValueSTO = \left(\sum_{i=1}^{n} \frac{CF_i}{(1 + WACC)^i} + \frac{CF_{n+1}}{(WACC - g)} \times \frac{1}{(1 + WACC)^n} \right) \times (1 - d)$$

上述公式代表了 STO 中基礎資產估值的 DCF 方法整合，它包括了整個預測期內現金流的現值、終值、透過 WACC 計算的折現率以及任何額外的 STO 特定的折價因素。

5.2 相對估值法

相對估值方法，之前我們也提到過，也就是同行業公司橫向比較分析。可比公司是指具有類似商業模式的公司，在估值之前，選擇與目標公司具體情況相似的可比較對象至關重要。相對估值背後的基本前提是相似的資產應具有相似的市場價值，這種方法不需要預測未來現金流，同時仍符合持續經營的假設。相對估值的一個獨特優勢在於它基於現實，因為這種方法是從市場中可觀察到的實際交易價格獲取資訊從而進行價值評估。

相對估值的關鍵部分是估值倍數：

- 分子：通常表示為企業價值或股權價值等價值度量標準，這些價值度量標準概括了公司業務的總價值。

- 分母：分母通常涉及價值驅動因素，可以是財務指標（例如每股盈餘、EBITDA）或經營指標（例如使用者數量）分母的選擇取決於行業和評估資產的特定特徵。

相對估值有幾個常見的比率，包括：

- 市盈率（P/E 比率）
- 市淨率（P/B 比率）
- 企業價值倍數（EV/EBITDA 比率）
- 市現率（P/CF 比率）
- 市銷率（P/S 比率）

估值倍數的選擇取決於基礎資產的性質和行業背景。重要的是，沒有兩個資產是完全相同的，任何相對估值分析都必須考慮到差異。這種相對估值法通常用作驗證，以證實透過 DCF 方法獲得的結果，為估值結果提供額外的支持，此方法在同行業公司的比較中非常常見，目的是評估目標公司是高估還是低估，以此給投資人一個定性結論。

5.3 成本法

成本法是基於被稱為「替代原則」的基本經濟原理。該原則指出，理性投資者不會為一項資產支付超過他們為具有相同效用的替代資產所支付的價格。成本法對於評估與現實世界資產相關的 STO 特別有用。成本法包括兩個關鍵部分：複製成本和替換成本，這兩個面向在決定資產的價值時起着至關重要的作用。

複製成本：是指使用與目標資產相同的材料和規格精確複製資產所需的總費用。

替換成本：代表投資人以為了獲得相同或更高的價值必須要替換原有的資產所要支出的成本。替換成本通常在資產因磨損、過時等原因需要替換時使用，具體包括：

- 特殊用途物業：具有特殊目的的物業，透過其他估價方法難以找到直接可比較物業。
- 新建築：在評估新建築，可能很難獲得足夠的市場數據進行比較。
- 商業房地產：特別是當該房產具有與市場上其他房產不同的特徵時可以使用替換成本法考慮。

成本法是根據複製或替換資產所涉及的成本提供的獨特估值視角。當市場數據稀缺或評估具有獨特特徵的財產時尤其有用。然而需要注意的是，這種方法不考慮市場需求、地點或經濟條件等因素，這些因素可能會對市場價值產生不同的影響。因此通常將其與其他估值方法結合使用，以提供對資產價值評估的全面視角。

結論

透過發行與實際金融工具相關的 Security Token，STO 提供了一個數字資產和顯示資產之間的橋樑，使得投資者可以以傳統金融分析方法評估 STO 的價值。上文詳細介紹了三種估值方法——收入法、相對估值法和成本法，旨在為投資者和分析師提供了一個全面的視角，用於確定這些 STO 的公允價值。收入法以 DCF 為基礎，提供了一個詳細的框架，考慮了資產未來產生現金流的潛力，並適當地調整了風險和時間價值。相對估值法提供了一個比較的觀點，利用類似實體的市場價值來判斷資產價值。成本法對於市場資料稀缺的資產尤其有效，重點在於複製或替換資產的成本。每種方法都有其獨特的應用場景，選擇方法需基於資產的性質、行業背景和投資的具體目標。透過 STO，我們見證了傳統金融和區塊鏈技術的創新融合，這也預示着一個新的時代，即數字金融可能會顯著改變現有的投資實踐。

第六章

NFT 估值

NFT 指的是「非同質化代幣」(Non-Fungible Token)，NFT 是一種數字資產，代表着區塊鏈網絡上獨一無二的內容或所有權證明。與比特幣或以太坊等質化的加密資產不同，NFT 不能以同等的方式進行交換，因為 NFT 被分配了唯一的代碼標識和元數據，使其區別於其他代幣。

首先讓我們來簡單概述一下整個 NFT 市場，截至 2023 年 12 月 31 日，NFT 的市值為 77 億美元，約佔以太坊市值的 2.6%，所以 NFT 市場仍然非常年輕，是一個規模相對較小的市場。

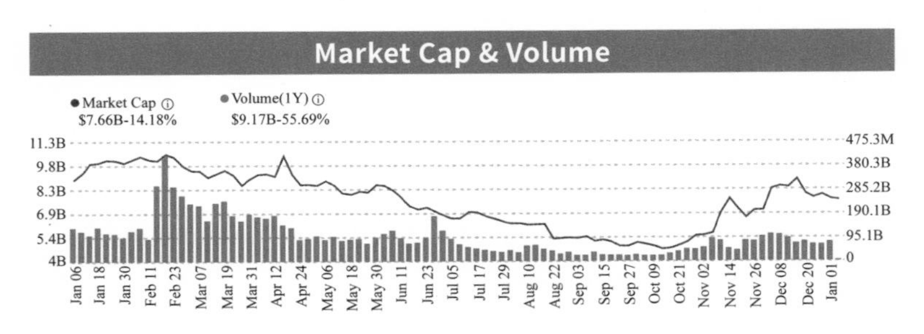

資料來源：NFTGO

儘管與一年前相比，交易者數量減少了 46.75%，買家減少了 56.1%，賣家減少了 39.04%，但持有者數量繼續增長，較一年前增加了 33.6%。

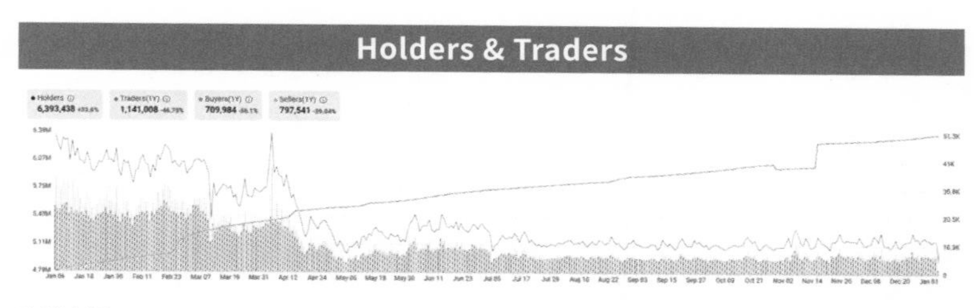

資料來源：NFTGO

在 2020 年，大多數 NFT 的應用都與數字藝術有關，而僅僅幾年後，NFT 有了更多的應用場景，例如 PFP（頭像）、域名、貸款、身份、合約、DeFi 倉位、門票、音樂等等。就資產類型而言，截至 2023 年 12 月 31 日，PFP 繼續主導市場。PFP 在銷售、市值和交易量方面領先其他類別，PFP NFT 的市值佔整個 NFT 市場的大 60% 以上，是目前 NFT 市場的重要組成部分。

資料來源：NFTGO

根據 NonFungible 數據，在 2021 年下半年和 2022 年上半年，NFT 的銷售非常活躍。然而隨着 2022 年下半年

Web3 市場的降溫，NFT 的銷售出現了顯著下滑。從此之後 NFT 市場進入了一個去泡沫的階段。此外，自 2022 年以來，OpenSea 作為 NFT 交易平台的領先地位逐漸受到威脅，截至 2023 年初，Blur 以零交易費策略嶄露頭角，成為新的市場領導者。

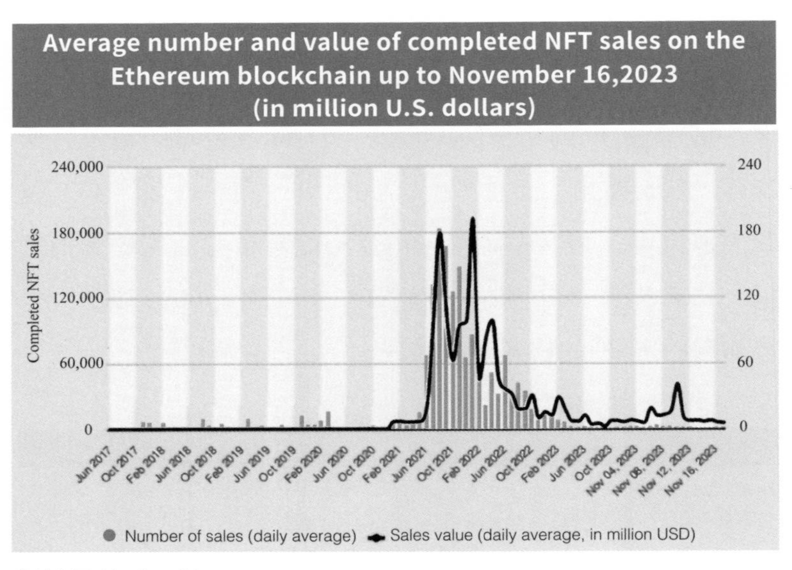

資料來源：NonFungible

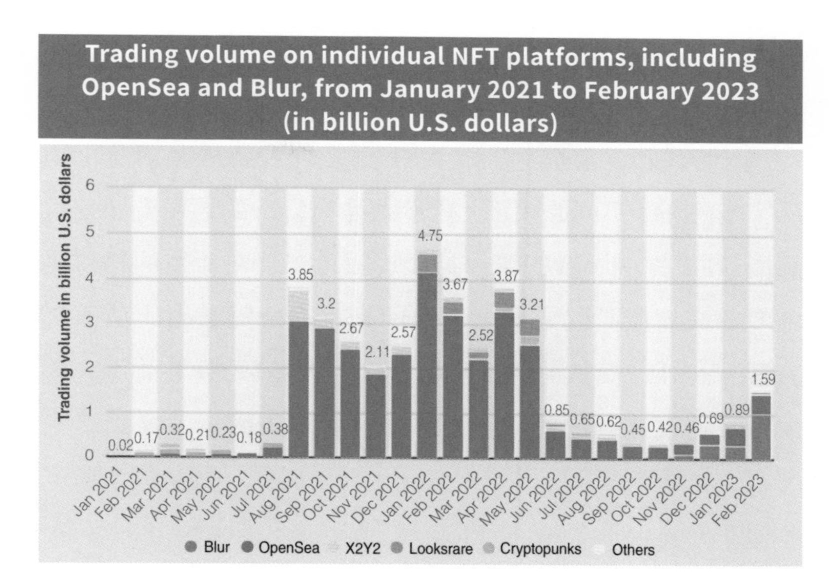

資料來源 : NonFungible

然而，儘管二級市場活動和市值顯著下降，但一級的鑄造活動卻變得越來越活躍，越來越多的用戶開始鑄造 NFT。

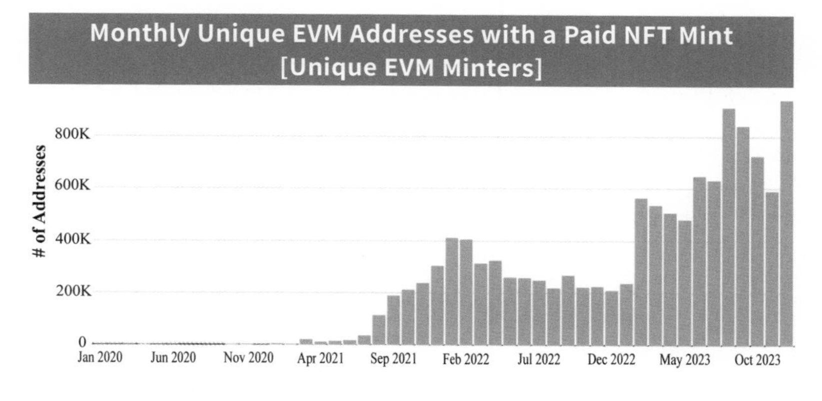

資料來源：dune.com

6.1 NFT 估值矩陣

正如我們之前提到的，NFT 可以代表各種非同質化物品，存在許多不同的類別，因此很難有統一的估價方法。以藝術 NFT 為例，我們可以甚至可以除了加密原生的敘事也參考傳統藝術品的定價，主觀因素也對傳統藝術的估值有影響。此外，與其他金融產品不同，大多數 NFT 並不會產生穩定的現金流，使得它們的定價相對主觀。考慮到這些因素，本章節不會提供量化方法，而是提供一個估值架構供參考。

實用性

實用性是衡量 NFT 項目價值的關鍵因素，也就是 NFT 的價值取決於它在實體或虛擬空間中的用途。遊戲資產和門票是具有高實用價值 NFT 的代表，例如用戶可能需要購買 NFT 門票才能參加 Decentraland 的藝術展，許多遊戲項目也考慮以 NFT 形式出售遊戲內道具，玩家需要購買這些遊戲資產作為「入場券」來參與遊戲。NFT 的價值與其基本實用性密切相關，這一點很容易理解。例如可以解鎖更多獨家內容或體驗的 NFT 門票往往具有更高的價格，具有更多遊戲內功能的 NFT 資產通常定價更高，外觀更吸引人的遊戲皮膚或 NFT 角色也往往能夠取得更高的價格。

有形性

NFT 中有一些資產和現實世界有關聯，這類 NFT 的價值由其與現實世界的關聯來決定，透過利用區塊鏈特有的確權與安全性，這類 NFT 可以提供現實資產所不具備的額外的價值。

範例：RTFKT

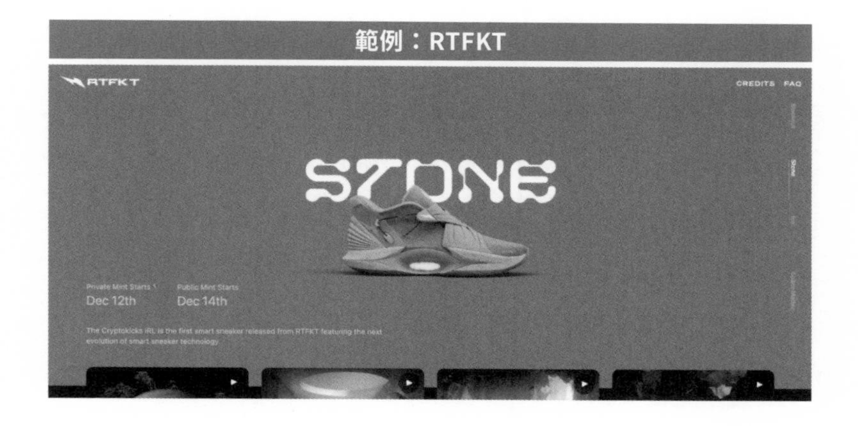

2022 年，Nike 及其子公司 RTFKT Studio 推出了他們的首款以以太坊為基礎的 NFT 鞋款，RTFKT x Nike Dunk Genesis CryptoKicks。根據 RTFKT 的說法，擁有 Lace Engine NFT 的任何人都享有優先購買 Cryptokicks iRL 的

權利，並可以享受折扣價格。RTFKT x Nike Dunk Genesis CryptoKicks 也具備了一些功能，例如獨家實體物品鑄造、白名單和未來的免費鑄造機會，使其成為 Nike 品牌策略的重要組成部分。透過 CryptoKicks，Nike 透過僅供代幣持有者購買的獨家鞋款，將 NFT 推向了一個新的層次，探索了實體和數字產品之間的聯繫。這正是 Nike 和 RTFKT 希望透過 Cryptokicks iRL 實現的目標，被稱為「第一款真實世界的 Web3 鞋」。

流動性

與其他資產一樣，流動性在 NFT 的估值中起着至關重要的作用，具有高流動性的 NFT 也具有更高的價值。NFT 的流動性取決於實用性、先前的所有權或銷售歷史、品牌價值增值等多個因素，這些因素促進了用戶對該 NFT 的認知。交易者更傾向於將資金投入交易量較高的 NFT 類別中，因為更高的流動性有助於他們退出持倉，降低持有風險。即使相關平台關閉，只要有願意購買的買家存在，高流動性的 NFT 仍有可能保持其價值，而低價值和未被認可的 NFT 往往流動性較差，使持有者在想要交易時難以找到交易對手。

2022 年，DeGods Group 宣布將其 NFT 藏品系列 Degods 和 y00ts 分別從 Solana 轉移到 Ethereum 和 Polygon。在此之前，它們是 Solana NFT 市場上最受歡迎的兩個系列之一。根據 Magic Eden 的數據，在宣布之前的一週，DeGods 和 y00ts 的銷售額佔 Solana NFT 總銷售額的近 70%。

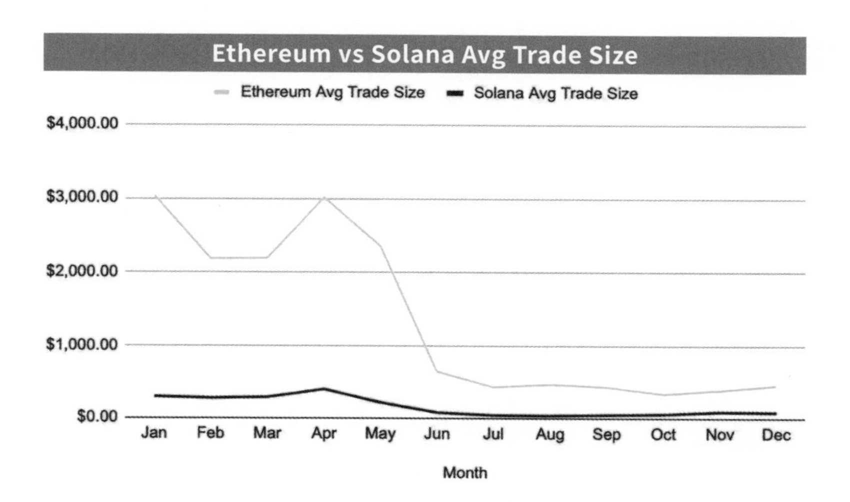

在遷移公告發佈後，兩個 NFT 的價格發生了顯著變化。與 Solana 相比，Ethereum 在 DeFi TVL 方面具有顯著優勢，交易量超過 Solana 的 100 倍，平均 NFT 交易規模是 Solana 的五倍。在這項消息的影響下，DeGods 的銷售額增加，截至 12 月 26 日，該系列的地板價上漲了 12%。Y00ts 的銷售相對較為平靜，地板價增加了 5 個 SOL（當時約 55 美元）。Nansen 指出，DeGods 的每日交易量成長了 186%，平均價格從 426 個 SOL 上漲到 566 個 SOL，增長率為 33%。

2023 年上半年 DeGods 正式從 Solana 生態系遷移到了 Ethereum，第二代計劃 y00ts 也從 Solana 遷移到了 Polygon。兩個項目遷移之後，它們在 NFT 市場的表現非常出色，地板價持續上漲。在同年 8 月 10 日，y00ts 也將遷移到了 Ethereum，投資者似乎是把這一消息看作是積極因素，根據 OpenSea 的數據，公告發佈後，y00ts 的地板價從 1.7 個 ETH 上漲到最高的 2.1 個 ETH，最大漲幅達 23%。在撰寫本文時地板價已回落到 1.83 個 ETH。

稀缺性

和傳統藝術品估價邏輯類似，NFT 的稀缺性是決定其價值的重要因素。NFT 在所代表的收藏品所具有的屬性和特徵等因素決定了其稀缺性，這些特徵的組合可以反映出產生特定 NFT 的難度，從而決定其稀缺性，影響其市場價值。根據稀缺性的基本經濟概念，較稀缺的 NFT 通常可以以更高的價格銷售，並且更受追捧。

通常，我們可以使用 NFT 稀缺性評分來衡量其稀缺性。目前市面上已經有許多 NFT 稀缺性評分工具，例如 Rarity Tools。為了確保客觀性和全面性，我們可以結合多個平台的稀缺性排名評分來綜合評估 NFT 的稀缺性。

範例：CryptoPunks

CryptoPunks 是由 Larva Labs 在 Ethereum 上創建的首批藍籌 NFT，靈感來自於賽博龐克電影和小說。CryptoPunks 的總數量限制為 10,000 個，確保了該系列的稀缺性。根據它們獨特的屬性，其中一些 CryptoPunks 可能比其他的更有價值。例如，只有 9 個外星人、24 個猩猩、44 個戴帽子、48 個戴項鍊、78 個有兔子牙齒和 128

個有紅潤臉頰的 CryptoPunks，其中 8 個 CryptoPunks 沒有獨特的屬性，而# 8348 具有七個獨特特徵。這些具有多樣化和稀有屬性的 CryptoPunks 與那些缺乏稀有屬性或大部分都是更常見屬性的 CryptoPunks 相比價格更高。例如，CryptoPunk#7804 是一個外星人 (9)，戴着太陽眼鏡 (378)，戴着帽子 (254) 並吸煙 (317)，最終它以 4200 個 ETH 的高價售出。

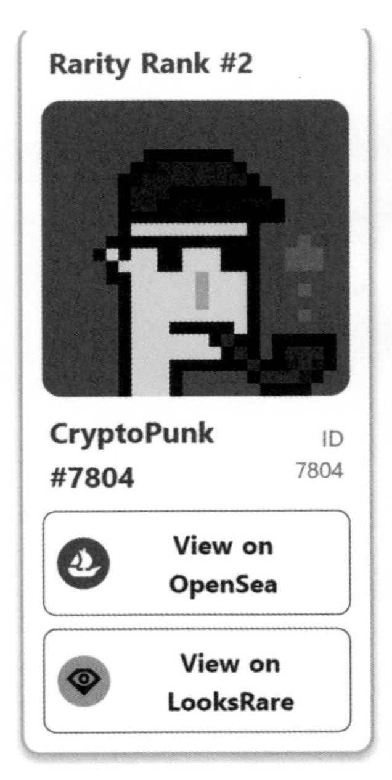

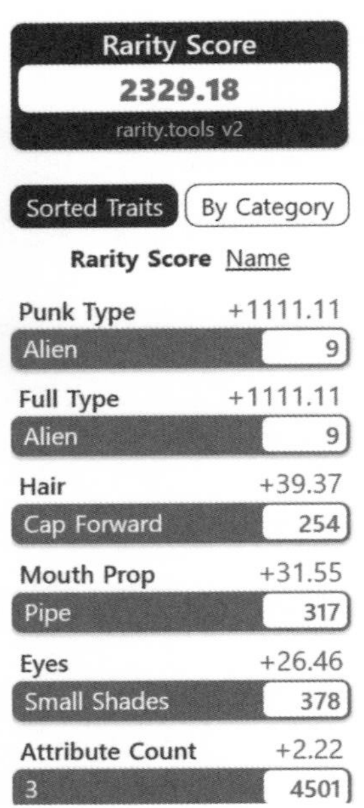

資料來源：Rarity.tools

互通性

在 NFT 背景下，互操作性指的是不同 NFT 和 NFT 平台之間彼此合作和交流的能力。可能包括將 NFT 從一個平台轉移到另一個平台，或從一個遊戲轉移到另一個遊戲，將一個平台上的 NFT 用作另一個平台上的抵押品或貨幣等等場景。互操作性在 NFT 保持其長期價值中起着關鍵作用，然而目前許多 NFT 項目都暫時沒有考慮這方面。NFT 的互操作性在區塊鏈遊戲中尤為突出，因為這個特性使得各個項目能夠突破自身生態系統的限制，對於開發者來說，這可以擴大他們遊戲的吸引力，吸引更多的玩家羣體，鼓勵更高的玩家參與度，並開啓新的商業模式和收入來源。對於玩家來說，互操作性為他們的 NFT 提供更多的價值和實用性，鼓勵他們探索多個遊戲，在不同的遊戲中實施遊戲策略，並涉獵來自多個遊戲的遊戲資產。

名人背書

與 Web2 世界中名人或 KOL 代言產品的邏輯類似，名人的支持可以極大地影響 NFT 項目的價格和銷售量，尤其是在項目的早期階段。很容易理解，與有聲譽的個人或公司合作發行 NFT 自然會吸引流量，例如第一輛 NFT Formula 1 賽車的售價高達 113,124 美元。另一個例子是 Phanta

Bear，它是由藝術平台 Ezek 和周杰倫旗下品牌 PHANTACi 共同推出的 NFT 系列，隨後，周杰倫將社交媒體的頭像更改為 Phanta Bear。在周杰倫的影響下，Phanta Bear 在發佈後迅速售罄，並在當天登頂 NFT 銷售榜。

名人背書和合作除了在一級市場有形象之外，對 NFT 的二級市場也有影響。如果一位名人曾經擁有過一件 NFT，那麼它更有可能以更高的價格售出。所有權歷史也是傳統藝術領域用於藝術估值的參考之一，以 BAYC 為例，像 Mark Cuban、Justin Bieber、Stephen Curry、Steve Aoki、Snoop Dogg、Marshall Mathers 以及 Neymar 這樣的名人曾經持有過 BAYC，這些 BAYC 很有可能會以更高的價格售出。然而，銷售數據顯示，大多數名人並未出售他們的 BAYC。

社區價值和核心文化

通常每個 NFT 在發布之前都需要具有明確的文化價值，可以是特定的概念、趨勢或社會現象，目的是為社區創造一個獨特的象徵和標誌，這才更容易吸引目標受眾並將 NFT 持有者與社區建立情感連接。往往具有特定文化元素的 NFT 才能不斷吸引新成員，不斷壯大。知名的 NFT 之所以被認可，是因為它們都具有明確的主題和目標社區。例如，BAYC 代表了存在主義的無聊，CryptoPunks 體現了龐克精神，Azuki 展示了二次元文化，World of Women 關注女性權益。相反，沒有明確的文化核心共識的 NFT 往往很快就會從市場上消失。

除了核心文化之外，社區生態系統的發展也是成功的 NFT 不可或缺的一部分。如果一個 NFT 能夠有更多的用途，無論是與實體產品的合作還是在虛擬世界中（如遊戲），都能增加 NFT 的曝光度，使持有者更願意持有它們，社區成員也會有歸屬感和自豪感。在生態系統擴展方面，BAYC 無疑是整個 NFT 行業中最傑出的代表。BAYC 會員擁有其所擁有的 pfp 的商業權利，而創始人也表示，任何與 BAYC 有關的創作都能進一步加強品牌影響力。BAYC 的母公司 Yuga Labs 已經建立了一個強大的 IP 生態系統，涵蓋時尚、音樂、美食、遊戲和收藏品等多個領域，涉及近 80 個品牌、創作者、項目和藝術家，如下圖所示。

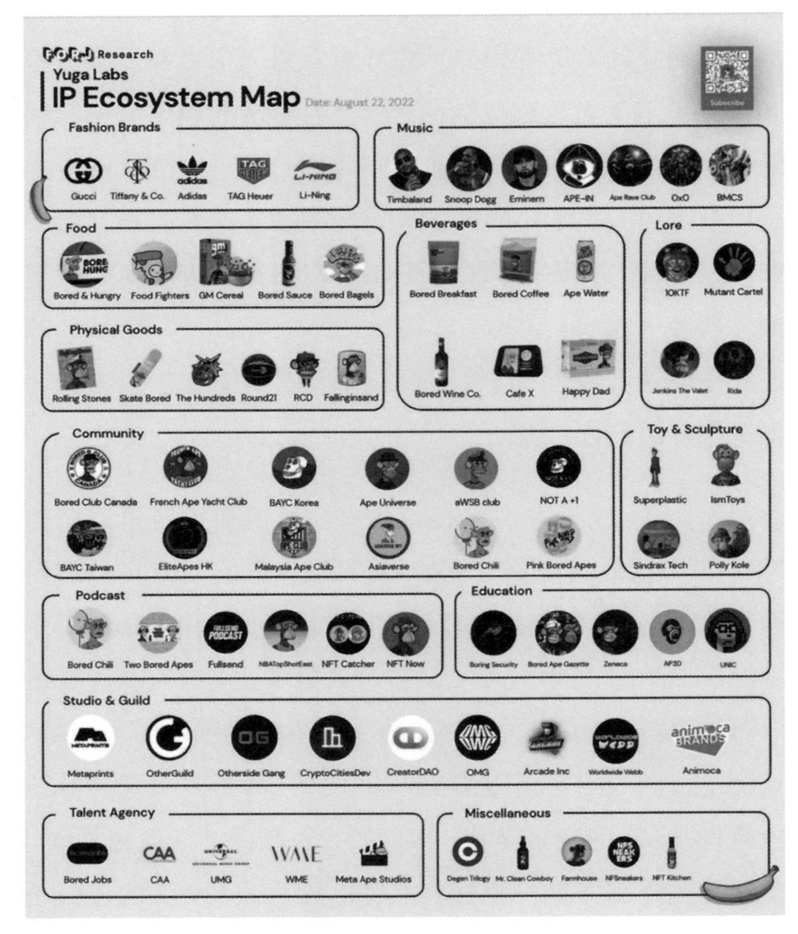

資料來源：FORJ Research

社交屬性

由於 NFT 的價值通常是比較主觀的，社交屬性就成了其中一個評估標準之一。當人們在社羣媒體（如 Instagram 或 X）上看到許多用戶談論某個特定的 NFT 時，為了加入這個集體，他們就認為自己應該去購買。在 NFT 社羣裏，Social proof 在塑造價值觀和推動定價方面發揮着重要作用，人們會因為認可這些 NFT 所傳遞的理念而對他們的價值形成共識，這種共識可以塑造市場行為並影響定價。例如，當使用者將他的 X 頭像更改為 BAYC 的頭像時，就會立即吸引其他擁有 BAYC 的追蹤者。此外，當一個 BAYC 以高價售出或被名人持有時，全體 BAYC 收藏者都會受益。從玩家將他們的社交媒體頭像更改為 BAYC 頭像開始，作為一個 Social proof，他們的言行也代表了整個 BAYC 社區，所有社區成員都是一個利益共同體。

安全性

NFT 的安全性對於評估 NFT 的價值也是一個重要因素，安全的區塊鏈意味着對 NFT 的所有權和價值提供更高水平的保護，也增加了買家對 NFT 的信任，因為他們知道自己的資產不太可能被盜或面臨其他安全威脅，這種信任使得需求和價格都更高。在有多個區塊鏈選擇的情況下，買家通常更傾向於選擇具有更高安全性的鏈上的 NFT（例如以太坊）。對安全的這種偏好可以推動高度安全的鏈上的 NFT 溢價。相反如果某個鏈上有安全漏洞或易受到黑客攻擊，該鏈上的 NFT 價格可能會下降，買家可能對這樣的 NFT 更加謹慎。根據 CryptoSlam 的數據，大多數 NFT 項目目前部署在以太坊上，雖然其他公共區塊鏈生態系統也擁有令人印象深刻的 NFT，但以太坊上的 NFT 確實享有更好的安全性和更高的流動性。

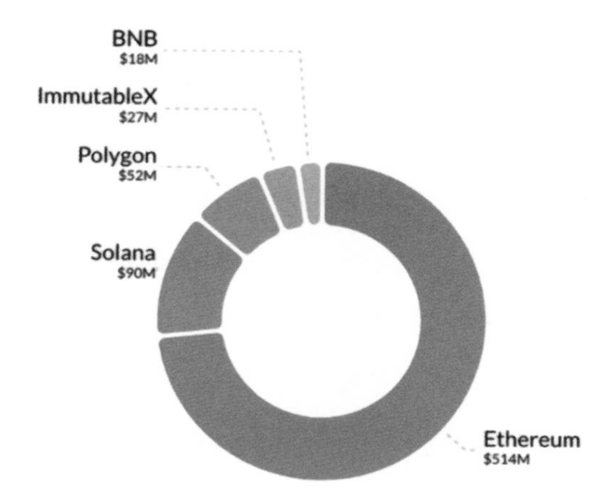

Source: CryptoSlam

BTC NFT

2023 年，Ordinals 和比特幣 NFT 無疑成為加密領域的熱門話題。在 Ordinals 出現之前，人們對以太坊上的 NFT

更為熟悉，它們之間的主要區別之一，是比特幣 NFT 元數據直接存儲在比特幣區塊鏈中，沒有引入鏈下內容。由於將資料寫入以太坊虛擬機（EVM）的成本較高，在以太坊上儲存一張圖片可能需要花費數萬美元。在以太坊上，大多數 NFT 圖片本身並不存儲在區塊鏈上，相反只有關於圖片的元數據，如文件的哈希值、名稱、時間戳和指向文件存儲位置的 URL 鏈接存儲在鏈上。實際的圖片可能儲存在 IPFS 等去中心化儲存協定或中心化資料庫中。此外，以太坊上 ERC721 標準的 NFT 是可編程的，可以賦予其更多互動功能。相較之下，Ordinals 協議只為每個 UTXO 分配了統一的交易資料附件格式，使 inscription 獨一無二，但缺乏可程式化。

Ordinals

甚麼是 Ordinals？比特幣的最小單位為 Sat（聰），一個比特幣由一億個聰構成，Ordinals 是基於比特幣網絡的一種協議，比特幣開發者 Casey 開發了一個叫做 ORD 的開源軟體，允許使用者透過 ORD 開源軟體為每一個 Sat 編序號，並且觀察到聰何時被挖掘並且追蹤它們，即序數（ordinal numbers），使得每一個聰都是獨一無二的。比特幣是區塊獎勵被挖掘出來的，每個聰都按照被挖掘出的順序編號，在交易時，序號根據 first in first out 的原則分配給輸出，之後剩餘的聰分配給礦工。

Inscription

除了添加序號之外，數據可以直接被添加在這些 Sats 裏面，數據類型可以是任何形式包括圖片，視頻以及各類應用程序，從而給予 Sat 收藏價值，這個添加數據的過程叫做銘刻（inscription ）。銘刻是如何成為可能的呢？ Ordinal 協議可以將資料直接寫進比特幣區塊，這是基於比特幣網絡的兩次升級，2017 年的軟分叉升級隔離見證 SegWit 以及 2021 年 Taproot。SegWit 升級的效果是透過把佔用大量儲存空間的簽名等數據，放置在交易末尾，使區塊有更大空間，而 Taproot 升級後開發者可以在見證區添加更複雜的腳本，以及移除了操作碼數量的限制在兩次升級之後，使得 Ordinals 協議有了技術基礎。

Ordinals 協議的出現為 BTC 生態帶來了新的敘事和活力，截至 2023 年 12 月 31 日已經有 52,808,358 條銘刻，從四月後交易量開始暴漲，十月逐漸冷卻，十一月又再次成為加密市場的焦點。Galaxy 在報告中預測，到了 2025 年，比特幣 NFT 可能成長為一個 45 億美金的市場，Yuga Labs、

Crypto Punks、BAYC 等藍籌以太坊 NFT 項目，Magic Eden 等頭部交易所玩家都已經加入 Ordinals 生態。但針對 Ordinals，比特幣社羣對此的意見很不同，「比特幣原教」主義者認為應該盡可能遵循比特幣作為電子現金的交易屬性，不應該在其中添加更多冗餘數據，另一部分社區則對於 Ordinals 為比特幣帶來的更多想像和空間表示興奮，關於比特幣究竟應該被用來做甚麼沒有一個統一的規定，總之 Ordinals 的出現引起社區開始重新思考比特幣生態的發展空間，比特幣生態也迎來了文藝復興。

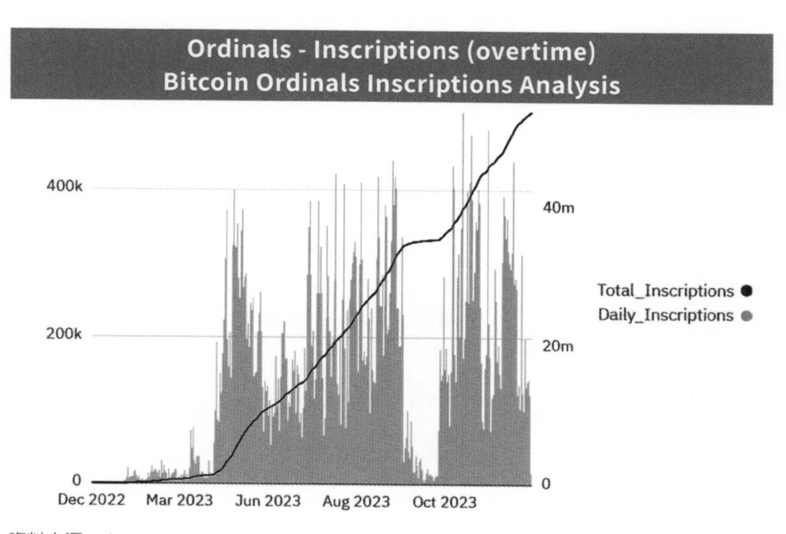

資料來源：dune.com

NFT 能否作為對沖工具？

NFT 可以作為整個加密貨幣市場的避險工具嗎？關於這個觀點，我們進行了以下分析：我們使用過去一年（2022 年 12 月 28 日至 2023 年 12 月 28 日）的 NFT 市值資料和 ETH 市值資料進行迴歸分析，得到了相關係數為 0.0164，顯示二者之間的相關性較弱。

此外，透過觀察 NFT 市值和 ETH 市值的歷史數據，我們可以看到比起加密貨幣市場，NFT 市場的反應較弱。當市場出現顯著波動時，NFT 通常不會立即做出反應。例如當 ETH 市值下降時，NFT 市值不會立即下降，而是保持相對穩定。然而需要注意的是，我們的分析是基於過去一年的數據，而 NFT 市場仍然非常年輕因此 NFT 與整個加密貨幣市場之間的相關性是不穩定的，存在着顯著的個體差異。個別 NFT 收藏品的價格波動不僅受到整體 NFT 市場和更廣泛的加密貨幣市場的影響，還受到與每個特定 NFT 相關的敘事的影響。

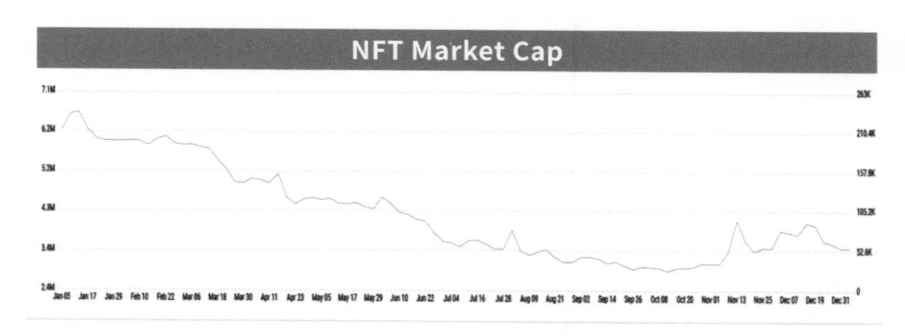

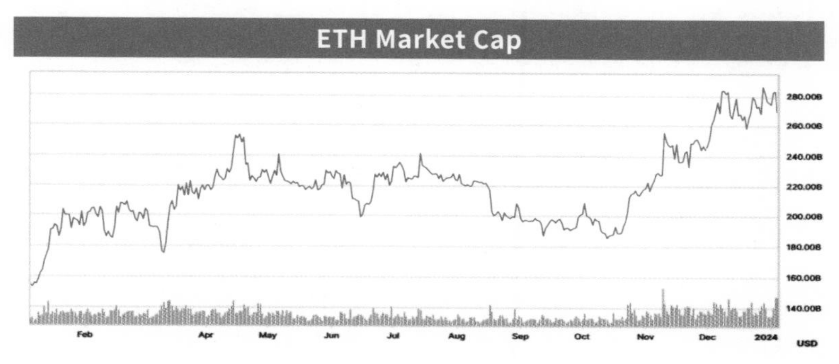

資料來源：NFTGO & CoinMarketCap

結論

總的來看，任何事物都可以是 NFT，儘管我們目前比較難找到一個合適的定量模型來估計其價格，但我們從不懷疑 NFT 的價值。NFT 不僅限於數字藝術，還可以是支持任何非同質化事物的基礎設施。在我們的現實世界中，非同質化事物往往比同質化事物多，利用區塊鏈的可組合性、可擴展性、開放性和抗審查性，NFT 將成為物理世界和虛擬世界之間的重要橋樑和工具，未來將釋放出無限的潛能。

結語

我們在加密貨幣領域深耕多年，和其他加密貨幣從業者一樣，我們經常聽到一些問題，例如「為甚麼加密貨幣 A 或 B 具有價值？」「比特幣以甚麼作為價值支撐？」以及「為甚麼加密貨幣價格會波動？」透過這本書，我們希望為加密貨幣社羣、投資者和傳統金融提供一個估值框架，讓他們能夠找到這些問題的答案。為甚麼加密貨幣有價值？它的公允價值是多少？我們如何為加密貨幣建立基本估值指標？透過本書介紹的估值框架，這些問題現在可以有了更清晰的答案。我們旨在提供更理性的加密資產投資方法，把加密資產的估值轉向更偏基本面驅動的視角，以縮小傳統金融世界與數字資產之間的距離，豐富兩個領域之間的對話和理解。這本書不僅適合像巴菲特這樣的傳奇投資者閱讀，也適合任何對加密資產估值感興趣的人。儘管本書試圖為加密資產估值創建一個全面的框架，但加密貨幣仍然是一個非常年輕的資產類別。這本書也可以被視為加密社羣和傳統金融領域，關於如何對加密資產進行估值的討論的起點，當然也存在一些限制：加密貨幣的歷史畢竟只有十多年，歷史數據有限，比較難進行有效的模型回測，而這個領域時時刻刻都在創新，今時今日的模型也未必適用於未來。隨着加密市場的成熟和更多可用數據的出現，這些框架和模型無疑會被持續測試和更新，從而形成更全面的估值方法。最後，我們邀請讀者與我們一起參與加密貨幣資產的估值分析中來，對我們所提出的觀點進行驗證，並為加密資產估值的不斷發展貢獻自己的見解。